WHAT YOUR CAT KNOWS

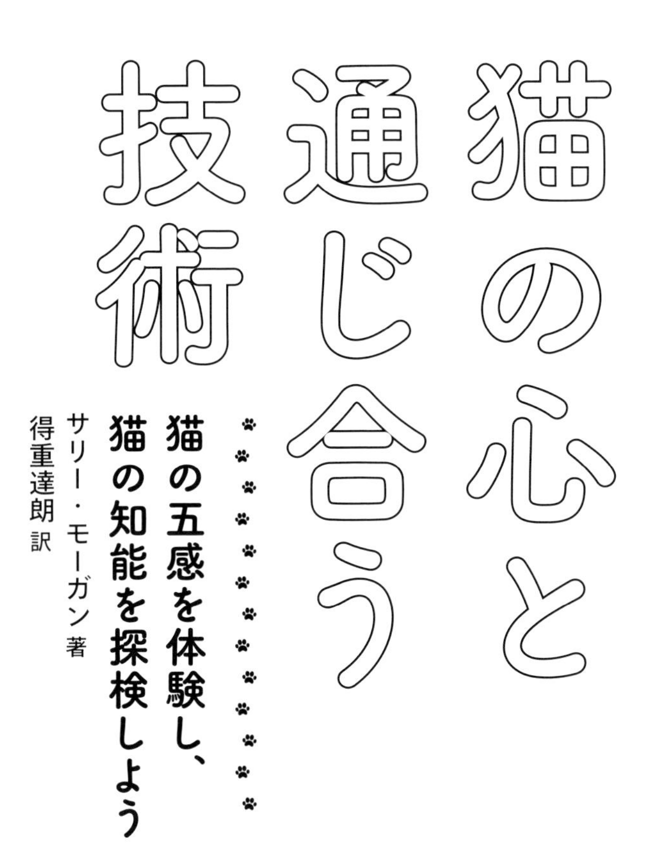

猫の心と通じ合う技術

猫の五感を体験し、
猫の知能を探検しよう

サリー・モーガン 著
得重達朗 訳

X-Knowledge

What Your Cat Knows by Sally Morgan

Conceived, designed and produced byQUID Publishing Ltd
Part of the Quarto Group

Design and illustrations by Matt Windsor

Japanese translation rights arranged with
Quatro Publishing Group USA, Inc.
Through Japan UNI Agency, Inc., Tokyo

“Of all God’s creatures, there is only one that cannot be made slave of the leash. That one is the cat.”

—Mark Twain

「神の創造した生きとし生けるもののうち、
自由を束縛されない唯一の生き物——それは猫である」
——マーク・トウェイン

CONTENTS

目次

翻訳協力　株式会社トランネット

デザイン　米倉英弘（細山田デザイン事務所）

DTP　横村 葵

INTRODUCTION
いざ、猫の世界へ！

ミステリアスな瞳で、こちらを見つめる猫。この子は、何を想っているのだろう？　どんないたずらをたくらんでいるのだろう？　幸せなのだろうか？　そもそも、私のこと、好きなのだろうか……　猫とは、実に謎に満ちた生き物だ。一見表情が乏しく、心の動きがなかなか読めない。犬みたいにしっぽを振ったり、元気良く吠えたりもしてくれない。

別世界の生き物

猫は、なかなかつかみ所のない動物だ。手がかりといえば、ごくたまに見せる不機嫌そうな顔くらい。よそよそしくて、一匹狼だけれど、好奇心旺盛。お高くとまっているかと思えば、お茶目な一面もあったり。コミュニケーションだって、あくまで向こうのペース。あからさまにそっぽを向かれることさえ少なくない。

猫はこれまで、犬とは別々の歴史を歩んできた。犬と同じぐらい、大昔から人と暮らしているのに、決して独立心を失っていない。これは、食料やすみかを人間に頼るだけではなかったからだ。猫は人間から穀物倉庫の害獣退治を任され、ネズミ狩りをして自分の食いぶちを稼いでいた。そのため、猫には野性的な部分が失われずに残り、いまでもときおり、猫のなかの野性が顔を出す。日中はすみかのそばを離れず、食べたり、昼寝したり、遊んだり、そんなごく普通の猫でも、辺りが薄暗くなるとふいに野生の本能が目を覚まし、外での獲物探しに何より夢中なハンターへと姿を変える。夜道をうろつく飼い猫たちのこんな姿に、たいていの人はまるで気がついていない。

猫の世界は、私たち人間の世界とはまるで異なっている。たとえば、猫の嗅覚は驚くべきもので、嗅ぎ取ることのできるにおいは人間よりはるかに多い。その鋭い嗅覚から、「うちの猫には超能力がある！」と騒ぐ飼い主まで大勢出てくるほど。実際に、医師が診断するまえに、においから飼い主の病気に気づいてしまう猫すらいるようだ。

猫たちが育むつながりについても、いまだ謎が多い。自分には飼い猫どうしの関係がわかると胸を張って言える飼い主が、いったいどれだけいるだろう？　愛猫が幸せか、それともストレスを感じているのかすら、本当にわかっているのか怪しいものだ。猫の発するサインのうち、私たちが見過ごしているものは本当に数多い。そしてそのせいで、猫との関係がギクシャクしてしまうのである。

ヤマネコについて

遺伝子的な観点から言えば、猫は祖先であるヤマネコとさほど変わらない。DNAを解析してみると、イエネコとヤマネコの違いよりも、犬と狼の違いのほうがはるかに大きい。これも、当然と言えば当然のこと。犬については、特定の外見と特徴を手に入れるため、人間が何百年にもわたって、選択的な交配を重ねてきたのだから。猫の場合、このように人為的な選択がおこなわれることがずっと少なかった。猫の純血種の価値が認められてきたのも、たかだかここ150年ほどのことだ。一方、近年人気を集めているのが、いわゆる「ハイブリッド猫」。これは、先祖であるヤマネコの外見に近くなるように品種改良をおこなって生み出された猫種だ。ハイブリッド猫の例として、ベンガル（アジアンレパードキャットを改良）、サバンナキャット（アフリカ産のサーバルキャットを改良）、チャウシー（ジャングルキャットを改良）、そして最も新しいマーガリートなどが挙げられる。マーガリートは、飼育下で繁殖させたアフリカ産のスナネコと、イギリス産の雑種とをかけ合わせて生まれたハイブリッド猫だ。

最近になるまで、ほとんど研究が進んでこなかったのが、猫の心だ。だが、犬の心の秘密がある程度解き明かされたいま、研究者たちの関心は猫に向かいつつある。とはいえ、猫は動物のなかでも、決して研究しやすい対象とは言えない。実際、魚を研究するほうがよほどたやすいと述べる学者までいるほどだ。それでも研究の進展にともなって、猫の心について驚くべき知見がもたらされつつある。この成果を生かすことで、私たちは今後、猫たちとより良い関係を築いていけるようになるはずだ。

SECTION ONE 第1部
猫の五感
THE FELINE SENSES

　猫のことも、猫の世界のことも、自分にはわかっている——私たちはそう思いこんでいるが、実際のところ、何にもわかっていやしない。お気づきでないかもしれないが、いまあなたが共に暮らしている猫には、人知を超えた鋭い感覚が備わっているのだ。

　私たち人間とまったく同じように、猫にも五感がある。視覚、聴覚、嗅覚、味覚、そして触覚。だが、似ているのはそこまでだ。五感を競う勝負があったとしたら、私たちは猫に連戦連敗だろう。

　猫たちの並外れた五感を考えれば、いろいろなことにも合点がいく。キャットフードのブランドを変えたり、いつもと違う猫砂を使ったりするとすぐに気づいてしまうこと。暗いなか、裏庭を走り回ってもケガひとつしないこと。塀から落ちても、足から着地できること。それから、猫には超能力じみたものまである——嵐が来ることや、地震が起きそうなこと、さらには、誰かがもうじき亡くなるということまで察知できるのは、いったいどうしてなのだろうか？

　まずは、猫たちの五感について見ていき、猫の視点から見える世界について学んでいこう。

CHAPTER 1: SUPER-VISION
猫の目に映る世界

みなの注目を集める、美しい猫の目。垂直に入ったスリットが特徴的だ。ところがこれ、単に見た目が良いだけではない――まさに、夜のハンターにぴったりなデザインなのだ。そして、瞳の形だけではない。これから見ていくように、猫はさまざまな形で環境に適応し、驚きの視覚を手にしているのだ。

日の入り、日の出に本領発揮

夜の帳(とばり)が下り、わが家の猫が外の闇のなかへすっと消えていくたび、こんなに暗いのによく道がわかるものだと、不思議に思ってしまう。私の目では良く見えないし、外にしばらく立って、暗闇に目を慣らしてみてもだめだ。それなのに、わが家の猫ときたら、農場や畑を自由自在に動きまわり、ネズミまで見事につかまえてしまう。

イエネコたちの先祖であるヤマネコが生息していた中東地域は、日中の気温が高かった。そのため、ヤマネコたちは昼の間は休み、ぐんと気温の下がる夕暮れ時に活動を開始していた。ヤマネコの活動が最も活発化するのが、明け方と夕方。家畜になって何千年もの時が過ぎたとはいえ、イエネコにもこの行動パターンはいまだに染みついている。どうりで、日が暮れると外へ出て、ハンティングがしたくなるわけだ。

大きな目

こんなライフスタイルに適応して生まれたのが、大きな目だ。とはいえ、イエネコの目も、サイズ自体は人間の目と変わらない。だが、それが人間よりはるかに小さな顔におさまっているわけで、比率からすると猫の目は人間の目よりずっと大きいと言えるのだ。面白いことに、猫の日中の視力はあまり芳(かんば)しいものではない。人間のほうが、よほど細かいところまで見えている。ところが、ひとたび夜になれば、今度は猫が人間を圧倒するのだ。では、猫たちはどうして、このような抜群の夜間視力が発揮できるのだろうか？　その秘密は、感光細胞の豊富さと、猫の目の奥にある特殊な反射層にあった。

視野に入った物体に反射された光は、目の奥へと集められ、この光を感光細胞が受け取る——これが、目のメカニズムだ。まず、光は角膜を通過して水晶体へとたどり着き、水晶体の働きにより屈折して、網膜上の１点に集められる。網膜にある、桿体と錐体と呼ばれる感光細胞がこの光を感知し、視神経を通じて、情報が脳へと伝達されるという仕組みだ。

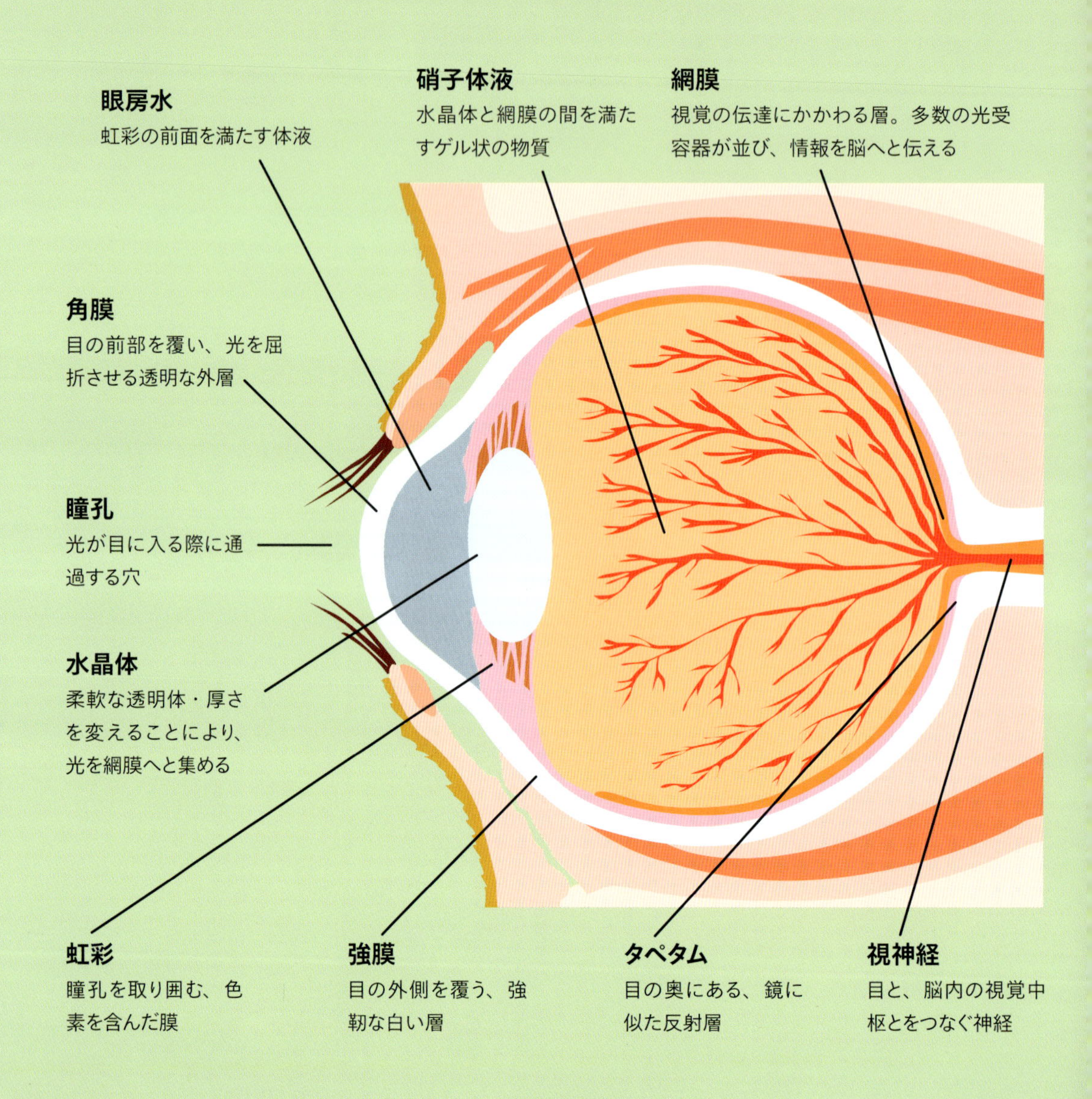

眼房水
虹彩の前面を満たす体液
硝子体液
水晶体と網膜の間を満たすゲル状の物質
網膜
視覚の伝達にかかわる層。多数の光受容器が並び、情報を脳へと伝える
角膜
目の前部を覆い、光を屈折させる透明な外層
瞳孔
光が目に入る際に通過する穴
水晶体
柔軟な透明体・厚さを変えることにより、光を網膜へと集める
虹彩
瞳孔を取り囲む、色素を含んだ膜
強膜
目の外側を覆う、強靭な白い層
タペタム
目の奥にある、鏡に似た反射層
視神経
目と、脳内の視覚中枢とをつなぐ神経

桿体細胞と錐体細胞

目の一番奥にある網膜には、2種類の感光細胞がびっしり並んでいる。桿体細胞と錐体細胞だ。猫の並外れた夜間視力を生み出しているのは、猫の目の中にある多数の桿体細胞。これは、光の少ない環境で物を見る際に、働く細胞だ。桿体細胞のおかげで、猫は暗闇でも目が見える。一方、錐体細胞は色を感知する細胞だが、こちらは明るい場所でないと働かない。猫の持つ桿体細胞の数は、人間のおよそ6倍。これこそ、ほんのわずかな光しかなくても、猫が人よりはるかに優れた視力を発揮できる秘密だったのだ。また、暗闇で動きを察知することにかけても、猫の目に軍配が上がる。ネズミが急に駆け出しても、猫にはすぐにばれてしまうのだ。一般に、猫の夜間視力は人間の8倍だと考えられている。

私たち人間の網膜の場合、豊富にあるのは錐体細胞のほうだ。網膜上には、錐体細胞だけでできた中心窩（ちゅうしんか）と呼ばれる場所まであって、これがさらにくっきりした視界を生み出している。一方、猫には中心窩がない代わりに、視覚線条がある。これは桿体細胞が集中している箇所であり、動きを追いかけるのに役立つ。とはいえ、中心窩を持たない猫は、私たち人間ほど鮮明に物を見ることはできない。

猫にしろ人間にしろ、目の周辺部に行くほど錐体細胞の数は少なくなっていく。動く対象をはっきりと見続けたいのであれば、猫も人間も、目か頭を動かす必要があるというわけだ。

豆知識

猫の気持ちは、目を見ればいろいろ見えてくるもの。注目ポイントは、瞳の大きさだ。幸せでリラックスした状態の猫は、普段通り、縦長でスリット状の瞳孔をしている。逆に、明るい場所で瞳の幅が広がるようなら、何かが起きているサイン。瞳の大きさに変化をもたらしているのは、「闘争・逃走反応」と呼ばれるメカニズムだ。脅威や恐怖を感じたとき、瞳孔が広がり、取り込む光の量を増やすのだ。こうすることで、猫の視界はより鮮明になり、いざという時に逃げやすくなる。「瞳孔の広がった猫に気をつけよ」――これは、獣医の卵が早いうちに教わることばだ。猫の瞳が大きくなったときは、痛みを感じていたり、急にジャンプする前触れだったりするかもしれないし、ひょっとすると、かみついたり、引っかいたりしてくる可能性すらあるのだ。

縦長の瞳

私たち人間の瞳は丸い。ライオンや虎といった、大型のネコ科動物も同じだ。ところが、イエネコや蛇やワニの場合、瞳孔は縦に長い。暗闇で物を見るとき、このような瞳孔はすごく重要だ。明るい場所ではせまく、縦長のスリット状になっていても、暗い場所では大きく開かれ、ほぼ円形になる。最小までせばまったときと、最大まで広がったときの差はとても大きく、瞳孔の面積はおよそ300倍にもなる。人間の丸い瞳だと、せいぜい15倍にしかならない。猫が狩りをするとき、これはとても有利に働く。瞳をうんと広げることで、光をめいっぱい取り込めるからだ。

明るい場所では、人間の瞳は縮んで小さな点ぐらいの大きさになる。こうして、光の入り過ぎで網膜が傷つくことを防いでいる。猫は暗い場所で目が利くように適応しているので、明るい場所ではすぐに目がくらんでしまうのではないかと思うだろう。だが、まさにここで、縦長の瞳孔という巧妙なデザインが威力を発揮する。この形、暗闇で光をたくさん取り込むのに向いているだけではなく、明るい環境では、入ってくる光を減らすのにも役立つのだ。周りの光の量が増えると、猫の瞳孔はごく細いスリット状にまで狭まる。さらに、まぶたを半分閉じて目を細めれば、入ってくる光をさらに減らすことができる。まさに完璧なデザインなのだ。

そして、縦長の瞳孔は、狩りのときにも猫の武器になると考えられている。縦長な瞳のおかげで、獲物までの距離を正確に判断し、ターゲットにぴったりと狙いをつけられるのだ。

闇に光る

暗闇でカメラのフラッシュなどの光が当たったとき、猫の目がうっすら緑色に光るのに気づいたことはあるだろうか？　他の動物、たとえば犬や鹿でも同じことが起こるが、私たち人間の目の場合、このように光ることはない。この不思議な効果をもたらしているのが、目の奥の網膜の後ろにある、特殊な反射層だ。これはタペタムと呼ばれ、鏡のように光を反射する細胞で埋め尽くされている。網膜を通過してタペタムに当たった光は、すべて目の内部へとはね返され、光線が一切ムダにならないようにできている。この仕組みのおかげで、あらゆるかすかな光も逃さずキャッチできるため、猫は暗い場所でもよく見えるのだ。

また光は、タペタムで反射することで、波長が変化する。これも、猫の夜間視力が優れている理由と言える。たとえば、対象の輪郭が暗闇に埋もれてしまわないのも、おそらくこの仕組みがあるからだろう。ここまででわかったように、夜のハンターとして、猫の右に出るものはいないのだ。

豆知識

あらゆる猫の目が、同じ色に光るわけではない。ほとんどの猫種は明るい緑色に光るが、シャム猫は明るい黄色に光る。これは、網膜の色素量と、タペタムに含まれる亜鉛などの物質のためだ。なかには、特に青い目をした白猫に多いのだが、タペタムがまったくない猫も少数いる。ところで、一般に「キャッツアイ」として知られる、道路上の安全装置（道路のセンターラインなどに打ち込んだ夜間標識用の鋲（びょう）。反射板が組み込まれていて、車のヘッドライトを反射して光る）があるが、あれはどういう仕組みになっているのだろう？　実は、開発者であるパーシー・ショウは、猫の目が暗闇で光を反射するメカニズムを参考に、キャッツアイを設計したのだ。

Bus station
Underground
Way out
Stansted Express
Customer lounge
Cycle store
First Class lounge
Left luggage

猫に色は見えるのだろうか?

猫の目も、万能というわけではない。優れた夜間視力には、代償もともなう——日中は、夜ほど良くは見えないのだ。細かいところがあまり見えないばかりか、人間に比べて認識できない色も多い。このため、日中は他の感覚が視覚と同じくらい、いや、それ以上に重要になってくる。

色や細かい部分が見えるのは錐体細胞のおかげだが、錐体細胞がうまく機能するには、明るい光が必要だ。だから、暗い場所では人も猫も白黒の世界しか見えない。人間の目には3種類の錐体細胞があり、それぞれが異なる波長に反応する。すなわち、赤、緑、青の3原色だ。この3種類の錐体細胞が協調して働くことで、可視スペクトル(可視光線の波長の範囲)上のすべての色が感知できる。人間の目には錐体細胞がたくさんあるからこそ、色が生き生きと見えるのである。

猫にも、何らかの色覚が備わっているはずだと考えられている。訓練によって、猫も赤と緑、赤と青、赤と黄色の光を区別できるようになった例があるからだ。これができるためには、猫には最低2種類の錐体細胞がなければならない。猫にも私たちと同じように、3種類の錐体細胞があると考える学者もいる。ただ、数がはるかに少ないため、人間と同じ範囲の色は見られないというのだ。おそらく、青色系、黄色系、せまい範囲の緑、さらには灰色、白、黒に関しては、猫も感知できていると思われる。何色が見えているにせよ、錐体細胞がほんのわずかしかない以上、人間ほど鮮明に見えていないことは確かだ。猫にはおそらく見分けのつかない色として、多くの学者が挙げるのは、オレンジ色と赤の違い、および赤と緑の違いだ。ということは、猫の目に映る景色は、赤緑色覚異常をもつ人の見る景色と、きっと似ているのだろう。ただ、猫にとって色とは、物体の形や大きさや模様と比べれば、さほど重要なものではないのだ。

紫外線も見える

何の変哲もない白い紙に夢中になっている猫の姿を、何度か目撃したことはないだろうか？

一見、猫の頭がおかしくなったかと思うが、そうではないらしい。どうやら猫には、私たち人間には見えない何かが見えているのかもしれないのだ。

蜂などの昆虫には、花びらが反射した紫外線（UV）が見えていて、虫たちはこれを手がかりに、花の蜜を探り当てている。このことは、ずいぶん前から知られていた。ネズミも紫外線を見ることができ、これを使って地面に残された尿の跡をたどっている（ネズミは同じ道を繰り返し使うため、自分の尿で通り道にしるしをつける）。北極では、トナカイが紫外線を使い、シロクマを見つけている。シロクマの毛皮は紫外線を反射せず、逆に雪は反射するという性質を利用しているのだ。シティ大学ロンドンのロナルド・ダグラス教授らが近年おこなった研究では、猫にも紫外線が見えていることが明らかになった。

人間が紫外線を見ることができないのは、目の中の水晶体が紫外線をブロックしてしまうからである。これは、防御機構の1種であると考えられている。紫外線は視界をぼやけさせる恐れがあるため、これをカットすることで、人間の目はくっきりとした視界を保っているのである。スキーヤーはよく黄色のゴーグルをかけているが、これも雪が反射した紫外線をブロックし、進行方向をよりはっきり見られるようにするためだ。

家庭内には、蛍光染料を用いた製品が数多く存在する。蛍光染料は、紫外線を吸収して光を放つ物質。これを使用するのは、製品の見栄えを良くするためである。紙や化粧品、粉せっけん、シャンプー、洗剤や繊維製品などに用いることで、「純白の輝き」を実現するのだ。蛍光染料が使用されているとき、1枚の白い紙も、紫外線に敏感な猫の目には、まったく別物に見えているのかもしれない。そして、想像してみてほしい。蛍光染料入りの化粧品やシャンプーを使った後の私たちが、猫にはどんな風に見えているのかを！

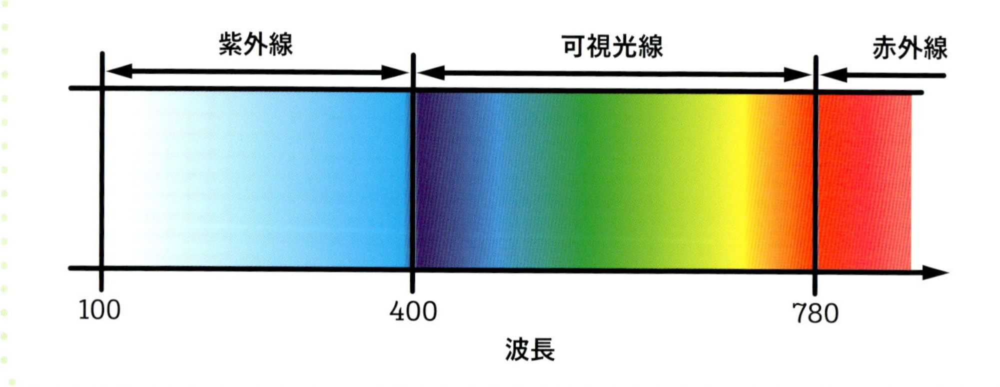

近すぎると見えない

私たち人間の目の場合、物体までの距離に関係なく、同じように焦点を合わせることができる。これは、両目の水晶体が形を変化させているからだ。水晶体は、丸く分厚い状態から細長く薄い状態まで、形状を変化させることが可能であり、これに応じて水晶体の曲率（曲面の曲がり具合）は変化する。曲率の変化によって、今度は光線の屈折する方向が変わり、物体からの光が（距離にかかわりなく）網膜上に集まるようになっているのだ。

しかし猫の場合は、両目の水晶体の形が固定されているので、猫は至近距離にある物体に焦点を合わせることができない。つまり、猫が物体をはっきり見るためには、遠くへ離れる必要があるわけだ。猫の目ではっきりと見えるのは、最短で25センチ先の物体まで。それより少しでも近づけばぼやけてしまう。これは、花をアップで撮影しようとするときと、少し似ている――特殊なマクロレンズを用いない限り、完全にぼやけた写真になってしまうはずだ。では、目の前のものをはっきりと見られない猫たちは、物体が至近距離にあるとき、いったいどうしているのだろうか？　そんなときに頼りになるのが嗅覚と、脳へ情報を届けてくれる感度の高いヒゲなのだ。

猫の視力

視力検査をしてもらう際、眼科医が「20/20の視力」という用語を用いているのを、耳にしたことがあるかもしれない（欧米諸国で用いられる分数視力）。用語中の2つの「20」が表しているのは、視力表からの距離と、はっきり読み取れる文字の大きさである。上の大きな文字列からどんどん小さな文字列へと進んでいき、もし視力が20/20あれば、下のほうにある「正常視力」を示す文字列を読むことができるはずだ。もし一番下の列のちっぽけな文字まで読めれば、視力は平均より上（20/15か、ひょっとすると20/10）ということになる。もし平均より悪ければ、上のほうの大きめの文字しか読むことはできず、視力矯正が必要なレベル（たとえば、20/100）とされるかもしれない。

猫の視力は人間よりも悪く、たいていは20/100から20/200の間だ。そのため、視力検査をしても、最上段の大きい文字しかはっきりと見ることはできないだろう。20/100という猫の視力が、具体的にどれぐらいかというと、正常視力の人間が100フィート（約30メートル）離れたところからはっきり見える物体でも、猫は20フィート（約6メートル）まで近づかないとよく見えないということだ。おそらく、猫と向きあっているときのあなたの顔も、少しぼやけて見えていることだろう。

細部を見ることのできる能力を、視力という。右の各イラストでは、数本の線が連続して描かれている。人間（上のイラスト）の場合、1度の視野につき30本の線を見ることができる。犬（中）の場合は、12本だ。ところが、猫（下）に見えるのはたったの6本。ゆえに、猫には人間ほど細かい部分までは見えていないことになる。

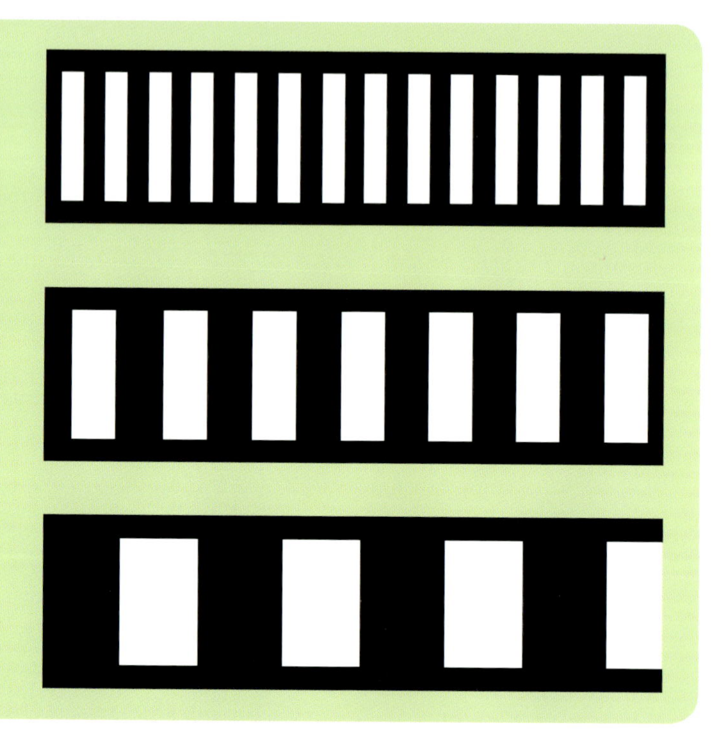

視野

まっすぐ前を向いて、視線をある1点に固定したとき、目を動かさずに上下左右に見える全範囲——これがあなたの視野だ。私たち人間の場合、目の前に見える範囲は、だいたい左右180度。一方、猫はより広い視野をもち、左右200度くらいまで見ることができる。つまり、猫は逃げようとするネズミや羽ばたく鳥など、より多くのものを目のすみでとらえることができるのだ。

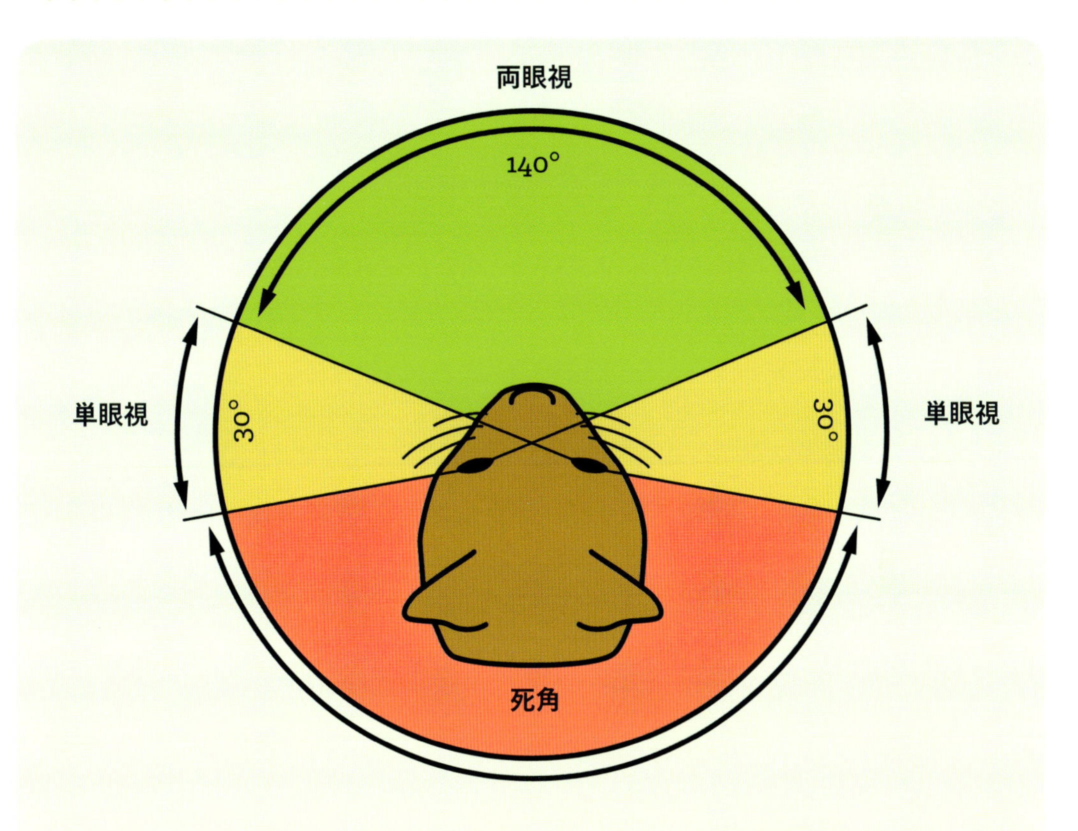

ここで、簡単な実験をやってみよう。両手にクレヨンを握り、腕を横へ差し出した状態にする。視線を前方から離さず、1点に固定したまま、あなたの目のすみの周辺視野で、クレヨンを見つけられるか確認してみよう。さあ、次はこれを猫に試す番だ。猫が座り、前を向いた状態になるのを待つ。クレヨンを猫の頭の横に持っていき、小刻みに動かしてみる。猫は、目のすみでクレヨンに気がつくだろうか？

立体視

すべての捕食性哺乳類と同じように、猫にも前向きについた2つの目があるため、立体（両眼）視が可能となっている。立体視は、前方や下方を見るのに適しているので、狩りをするのに理想的である。猫の脳は、右目と左目から得られた画像どうしを比較し、立体的な画像をつくりあげる。この立体画像のおかげで、猫は距離感を把握し、狙い定めたとおり獲物に襲いかかったり、屋根から屋根へと飛び移ることができるのだ。猫が外で狩りをしている姿を観察してみると、左右に頭をわずかに振る動作が確認できるだろう。これこそ、猫流の距離の測り方だ。こうしてほんの少し動くだけで、とても正確に距離が判断できる。距離判断は非常に重要だ。とびかかったあげくに獲物を逃すなど、猫にとってはまっぴらごめんなのだから。

動体視力

ゆっくりと動く物体は、私たちの目には見えても、猫には見えない。猫は逆に、素早く動く物体に反応する。その動体視力のおかげで、獲物の耳のピクッという動きや、草の葉のしなりなど、ほんのわずかな動きにも反応できる。しかし、猫のこのような能力も、生まれつき備わっているわけではない。子猫のうちに身につける必要がある。鍛えられた猫の脳はやがて、毎秒60もの画像を処理できるようになり、これらの画像を分析することで、獲物の存在を示すわずかな変化や動きも見つけ出してしまう。およそ人知を超えた、驚くべきスキルだ。

猫にテレビはどう見える?

猫がテレビを「見て」いたとしても、その体験は人間とはまるで別物だ。猫にはすべての色は見えないし、細かい部分を見ることもできない。したがって、画面は白っぽく、色はとぼしく、少しぼやけて見えていることだろう。さらに、テレビは1秒間に何度もコマを切り替えることで、画像が動いているように見せている。毎秒20コマという速度を少しでも超えると、人間の目には、連続した静止画ではなく、動画として認識されるのだ。だが、これよりはるかに素早く視覚情報を処理できてしまう猫の目には、動画というよりむしろ、一枚一枚の静止画が素早く切り替わっているように映る。これでは、猫がテレビにあまり面白みを感じないのも無理はない。

ただ、バーミーズなど、猫種によっては視覚情報の処理がそこまでうまくない猫もおり、その場合は、テレビ画面を問題なく見ることができる。一方、同じペットでも、鳥はさらに視覚情報処理に長けているため、テレビが視界に入る部屋では、大いにストレスがたまってしまうことがある。

Guide
xfinity
Exit
CH
VOL

第３のまぶた

鳥やおもちゃをじっと見つめているとき、猫がまばたきをしないことにお気づきだろうか？　ほんの少しでもまぶたを動かせば、獲物に自分の存在を悟られ、逃げられてしまう可能性があるからだ。

まばたきは、目の表面に潤いを与えるうえで重要なもの。だから人間は、頻繁にまばたきをおこなうのだ。猫もまばたきはするものの、人間の頻度には遠く及ばない。それでも目が乾いたりしないのは、他の多くの哺乳類と同様に、猫に第3のまぶたが備わっているからだ。この第3のまぶたを瞬膜という。ひだ状の組織で、片側は角膜と、もう片側はまぶたの内側と接している。

猫が起きている間、瞬膜の大部分は眼窩（がんか）（眼球が収まる頭蓋骨のくぼみ）にしまわれていて、目頭にほんの小さな端っこの部分が覗いている程度だ。だが、就寝中、もしくは猫がまばたきをするとき、瞬膜は目頭から目尻に向かって、まるで車のワイパーのように斜めに目の上をすべり、角膜の表面から汚れやごみを取り除いて、涙で洗い流す。こうして、目の表面の健康と潤いを保っているのだ。

また、瞬膜には目を保護する役割もあると考えられる。特に重宝するのが、背の高い草むらを駆け抜けるときや、鋭いくちばしやかぎ爪を備えた獲物がじたばたするのをおさえておくとき、猫同士でケンカをするときだ。

豆知識

まばたきや、まつげをパチパチさせるしぐさは、猫の世界では愛情や信頼を表すサインだ。

目の見えない猫

猫の目は、さまざまな理由で見えなくなることがある――けがが原因となることもあれば、年老いた猫によく見られる何らかの疾患によることもある。しかし、視力を失っても、それを補い、適応していくことができる。ご存じのように、日中の視力はもともとよくないので、別の感覚、特に嗅覚と触覚に頼っている。だから、視力の衰えにスムーズに対応できるのも、それほど不思議ではない。事実、猫のヒゲはセンサーとして目の代わりになるため、触覚を頼りに動きまわることができる。

目の見えない猫にとって必要なのは、常に変わらない住環境である。したがって、家具をいろいろと動かしすぎるのはよくない。食べ物と水はいつも同じ場所に置くべきだし、辺りを散らかしすぎるのもNGだ。外に出られない分、視覚以外の感覚が大いに刺激される環境を整えることも、目の見えない猫にとっては有益だ――ガラガラや鈴の入ったおもちゃ、においつきのアイテムを使ってみてもよいし、家の周辺の小道にキャットニップ（猫が好む香りをもつハーブの一種）を植えておくのも1つの手だ。

CHAPTER 2: ALL ABOUT THE CAT'S EAR
猫の耳のあれこれ

あなたは、愛猫が自分の背後から聞こえる音に対して、頭を動かさずに耳だけくるりと後ろに向けることにお気づきだろうか？　さらに、片耳ずつ別々に動かせるとくれば、もはや奇妙というほかない。こんな芸当ができるのも、それぞれの耳に32もの筋肉があるおかげだ。この筋肉を使うことで、猫は耳を自在に動かし、180度までひねって音の発生源を探し当て、さらに集めた音を増幅することができる。これに対して、人間の耳の筋肉はたった6つのみ。せいぜい、耳をわずかにピクピクと動かせれば御の字といったところだ。こうした構造のおかげで、猫の聴覚はずば抜けたものとなっている。誰かが自宅の玄関へ近づいてきたとき、あなたには何も聞こえていなくても、猫はとっくに気づいていることが多いのだ。

広い可聴域

猫の可聴域は、哺乳類の世界で最も広い。大方の哺乳類の可聴域はせまく、高周波音か低周波音かのいずれかしか聞けないが、猫は違う。ネズミの鳴き声のような高周波音だけでなく、低周波音を聞く能力まで持ち合わせているのだ。この結果、猫の可聴域は、十分な大きさの音なら48ヘルツから85000ヘルツの高さにまで及ぶ。これに比べ、人間の可聴域は20ヘルツから20000ヘルツほど。つまり、猫の可聴域は11オクターブにも及び、人間よりも2オクターブ上まで聞くことができるのだ。そこには、人間のまったく知らない音の世界が広がっている。

猫の耳は方向探知器

左右それぞれの耳にある32の筋肉のおかげで、猫は両耳を別々に動かし、音の発生源を探り当てることができる。その正確さたるや、発生地点がわずか10センチほどしか離れていない2種類の音を、1メートル離れた場所から聞き分けられると言われている。猫の脳がこうした情報処理をすべておこなっているわけだが、このとき手がかりになるのが、音との距離が近いほうの耳に、先に音が届くという事実だ。時間差はさほど大きいものではないが、これでも十分、猫の脳は右耳と左耳から別々に入ってきた音を分析し、結果を比較できるのである。つまり、猫はこうした音声情報のすべてを利用し、立体的な「音声イメージ」を構築できるのだ。こうすることで、たとえば、やぶの中のネズミの位置を把握し、驚くほど正確に襲いかかることが可能となる。野生の猫にとって、これは生存にかかわる能力なのだ。

豆知識

　猫の耳は、ちょっとした「気分のバロメーター」。猫の耳を見ることで、その気持ちがわかることがある。イライラした猫は耳を横に寝かせる（写真左上）。おびえた猫は、耳を後ろに向けて寝かせ（写真右上）、何かに興味津々な猫は、耳を前に向けてピンと立たせる（写真下）。

そもそも「音」とは？

音はエネルギーの1種であり、粒子が前後に振動し、互いにぶつかり合うことによって生み出される。この動きは圧力波と呼ばれ、エネルギーが失われるまで、池を広がるさざ波のように広がっていく。音は、空気中では秒速343メートル、水中では秒速1484メートルで進む。

波と波との間の距離を波長と呼ぶ。音の周波数とは、定点を1秒間に通過する波の数であり、ヘルツ（Hz）で表される。たとえば、20ヘルツの音の場合、定点を1秒間に通過する波の数が20あるということだ。コウモリの鳴き声のような高い音は、波どうしの間隔がせまい。一方、クジラの鳴き声のような低い音だと、波どうしの間隔が広い波形となる。音の大きさを決定するのは、音波の振幅（大きさ）だ。振幅の大きい波ほどエネルギーが大きく、音も大きくなる。

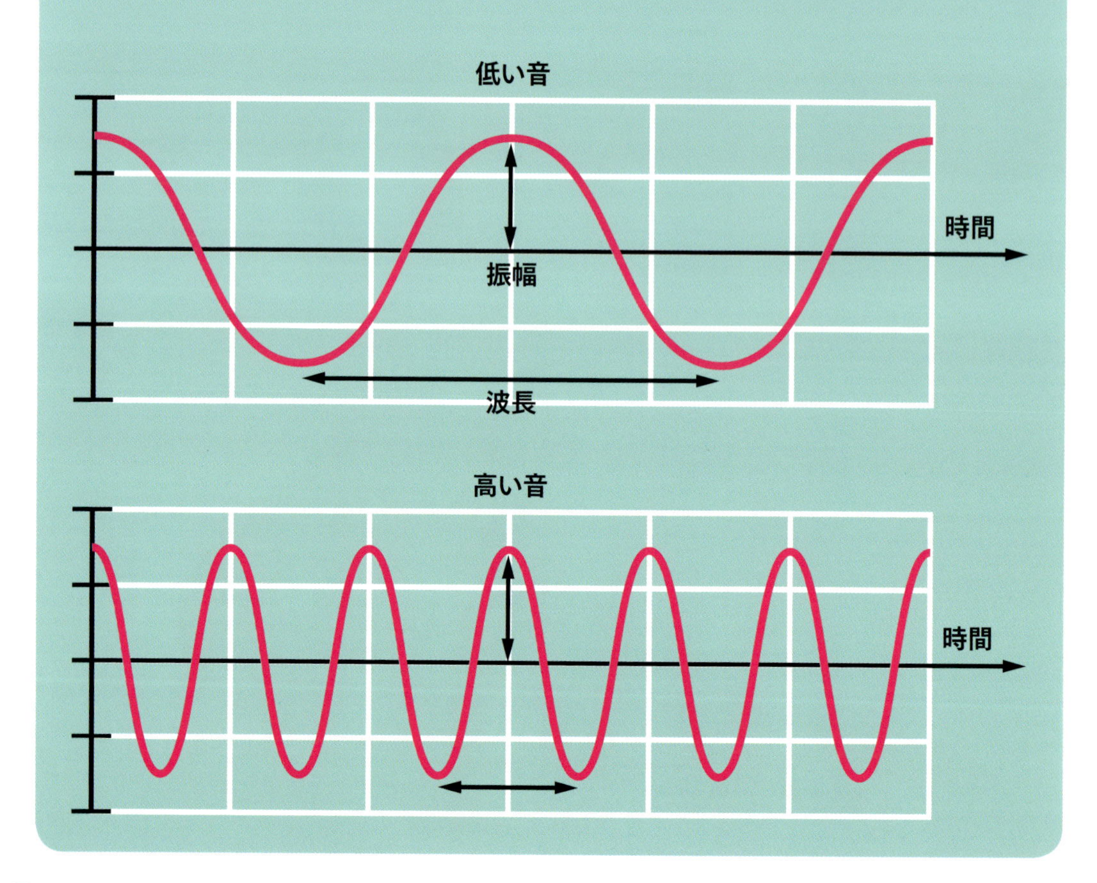

超音波

猫は私たちよりはるかに耳がいい。ネズミやコウモリの出す超音波の鳴き声は大変高い音で、人間の可聴域よりずっと上だ。そのため、特殊な検出器を用いない限り、私たちはまったく気がつかない。また、子猫は人間には聞こえない極めて高い声で鳴くことができ、迷子になったときはこれで母親を呼び寄せている。

超音波の対極にあるのが超低周波音で、人間の可聴域より下の音である。超低周波音は、自然界では重要だ。たとえば、ライオンや虎の吠え声にはうなるような低周波音が含まれており、人間には聞こえないが、他の大型ネコ科動物は聞くことができる。超低周波音は遠くまで届くため、ライオンや虎は広いなわばりを維持できるのだ。地震や雪崩による低いゴロゴロという音も超低周波音をともなっているため、人間は何も気づかなくても、猫は反応を示すことがよくある。

豆知識

裏庭で悪さをする猫を撃退するために用いられる猫よけグッズには、猫が超音波を聞き取れることを利用したものが多い。猫よけの超音波装置が発生させる高い音は、猫には聞こえるが、周りに住む人には聞こえないのだ。

耳のメカニズム

耳は3つの部分から成り立っている。外耳、中耳、そして内耳だ。外耳で集められた音は中耳へと送られ、そこで増幅されてから、内耳へと送られる。内耳では感覚受容器によって音が感知され、脳へと情報が伝達される。

猫の耳の内側に生えているふさふさした小さな毛の束は「イヤーファーニッシング」と呼ばれ、耳の中へ音を導いたり、ほこりが入るのを防いだりするほか、防音の役割も担っている。耳介（耳殻）から送りこまれた音は、外耳道を通って鼓膜へとたどり着き、鼓膜を震わせる。この振動が、中耳にある3つの小さな骨（耳小骨）の1つ目を押す。1つ目の骨は振動して2つ目の骨を押し、今度はこれが3つ目の骨を押す。3つ目の骨は卵円窓（らんえんそう）に接している。これは内耳への入り口だ。3つの耳小骨が振動することにより、音はだいたい22倍にまで増幅される。

内耳には蝸牛（かぎゅう）と呼ばれる、長いらせん状の管があり、中は液体で満たされている。中耳の卵円窓に張られた膜が振動すると、この液体も押されて振動する。液体は感覚受容器を押し、感覚受容器から聴神経を伝って、脳へと情報が届けられる。

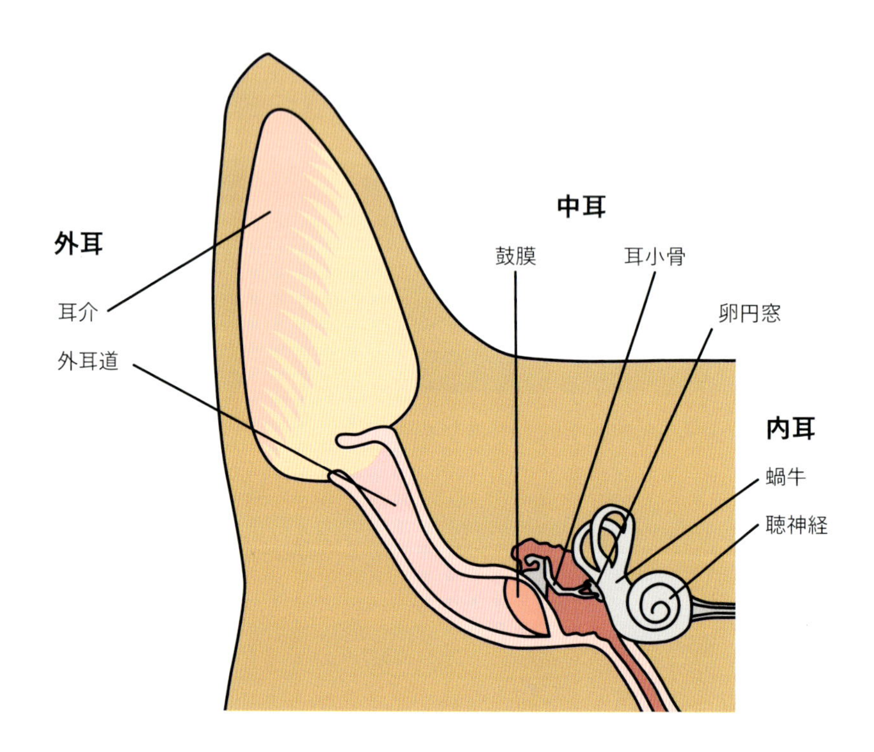

特徴的な耳

たいていの猫の場合、耳は軟骨によって支えられ、まっすぐ上を向いている。軟骨は柔軟かつ強靭だが、骨ほどは硬くない組織だ。だが、遺伝子の突然変異により、軟骨の形状が変わってしまうことがある。この影響を受けた猫種が2つあり、それぞれアメリカンカールとスコティッシュフォールドというぴったりな名前がつけられている。名前が示すように、彼らの耳介はカールしていたり、折れ曲がったり（フォールド）している。幸い、聴覚への影響はないようだ。

豆知識

生まれたばかりの子猫は耳が聞こえない。耳の穴がふさがっており、聴覚が存在しないのだ。外耳道は5日目ぐらいから開いていき、14日が過ぎる頃には、子猫は音がやって来た方向を識別できるようになる。聴覚が完全に発達するのにかかる時間は4週間だ。

音の強さ

猫に気づかれないように、そっと忍び寄ってみたことがあるだろうか？　これは本当に難しい。猫は可聴域が人間より広く、また耳の向きも変えられるため、音の出所を正確に把握できる。さらに音の強さに対する感度にかけても、人間のはるか上を行く。音の大きさ、すなわち音の強さ（振動量）はデシベル（dB）で表されるが、人間は10デシベル程度の静かな音まで聞き取ることが可能だ。一方で、130デシベルで耐え難いほどうるさく感じる。猫は、30デシベルのささやき声を、人間より6倍離れた場所から聞き取ることができる。ネズミの鳴き声や、カサカサ立てる音を聞き取るためには、まさにうってつけの聴覚だ。当然、おやつの袋を猫にばれずに開けようとしても、決してうまくはいかないだろう。たとえ、猫はいま上の階のベッドで寝ているから大丈夫、などとあなたが思っていてもだ。一方、大きな音についてはどうだろう？　突然大きな音がなったとき、猫の耳には人間の6倍の強さで聞こえていることになる。猫が花火や大きな拍手といったうるさい音を怖がるのも無理はない。大きな音に敏感なのだから、大音量で音楽をかけたり、ドアをバタンと閉めたり、大声で叫んだりするときには、猫への配慮が必要だ。そうした音は、猫には人間が感じるよりもずっと大きく聞こえ、恐怖を感じやすいのだから。

豆知識

青い目の白猫は、生まれつき耳が聞こえない確率が高い。青い目と白い毛の遺伝子が、蝸牛の奇形をもたらすためだ。中には、片方の目だけが青い白猫もいるが、このような猫の耳が聞こえない場合、聞こえないのは青い目のある側の耳である。

スパイを見破った猫

ロシアのモスクワにあるオランダ大使館の職員はある日、大使館で飼われている2匹のシャム猫がニャーニャーと鳴きながら、建物の壁を繰り返し引っかくのに気がついた。ネズミが出たかと思った職員たちだったが、調べた結果、ロシアのスパイによって仕掛けられたマイクが発見された。職員たちの耳には聞こえなかったが、猫たちは集音マイクのスイッチが入ると出る高音を感知できていたのだ。

CHAPTER 3: THE NOSE KNOWS
鼻のハナシ

想像してみてほしい。あなたは猫となり、人通りの多い通りを歩いている。あなたの視力はそこまで良くはない。良くないどころか、近くのものはみな、少しぼやけて見えるほどだ。だが、代わりにあなたには、優れた嗅覚が備わっている。以前ならまったく気づかなかったにおいも感じ取ることができるのだ。あなたは、嗅覚を頼りに進んでいく。いれたてのコーヒーの香りも、鼻をつくガソリンのにおいも、ごみバケツから漂うあの悪臭も、におった場所は頭にインプットされているから、それを頼りに家へとたどり着くことができる――ようこそ、猫の嗅覚の世界へ。

嗅覚は情報の伝達手段

猫は嗅覚を使って、獲物を見つけると同時に、食べても安全な物かどうか、飲めるほどきれいな水かどうかを確かめている。それだけではない。周りの環境についても、猫は嗅覚を頼りに情報を集めている。そこには、双方向的なやり取りがある――においを残して他の猫に見つけさせると同時に、他の猫が残したにおいから情報を得るのだ。猫は、自分のなわばり（裏庭や都市の街路、田舎の野原）を歩き回りながら、柱に体をこすりつけてにおいの痕跡を残し、自分の存在を他の猫に知らしめる。猫の社会的行動の多くは嗅覚に影響される。猫にとって嗅覚は、ストレスや不安を軽減する鍵となるほか、自分のすみかにいるときにも、嗅覚から安心感を得ているのだ。

超強力な鼻

五感の鋭い猫たちは、においに対してさまざまな反応を見せる。

人間の鼻には、においを感知するための感覚受容器（嗅細胞）が約500万備わっている。ニューヨークにあるロックフェラー大学のレズリー・ヴォスホール教授がおこなった研究では、においを嗅ぎ分ける人間の能力は、以前思われていたよりずっと優れていることがわかっている。それならば、8000万もの受容器を持つ猫の能力はいかばかりのものか、想像してみてほしい。なにしろ、私たち人間の16倍だ。猫にはこのおかげで、10万もの異なるにおいを嗅ぎ分ける驚きの能力があるのだ。そして、猫の嗅覚をますます鋭いものにしているのが、猫の口蓋（こうがい）にある、ヤコブソン器官（鋤鼻器（じょびき））と呼ばれる特殊な嗅覚器官だ。この「第2の鼻」を持つ哺乳類は多いが、人間にはない。猫の世界で、嗅覚という存在が極めて大きいのもうなずける。

鼻のメカニズム

猫は鼻から息を吸い込み、空気を肺へと取り込む。空気が鼻の中を通るとき、空気中のにおいは粘液と混ざり合う。この粘液は、鼻内部の表面を覆うことで、感覚受容器の傷つきやすい神経終末を保護しているものだ。におい分子の存在によって反応が引き起こされ、脳へと情報が伝達される。

猫の鼻は、鼻骨と柔軟な軟骨が土台になっている。小さく平らな形で、鼻毛は生えていない。鼻の内部の奥深くには、鼻甲介(びこうかい)と呼ばれる丸まった小骨板が数多くあり、これを薄い粘膜層が覆っている。ここでにおいをつかまえるのだ。においは2つある鼻孔(びこう)を通り、鼻腔(びくう)へと運ばれる。鼻腔を右側と左側に分けているのが、鼻中隔(びちゅうかく)である。何百種類もあるさまざまな感覚受容器は、それぞれが特定のにおいを感知できる。この感覚受容器が刺激を受けると、嗅神経を通じて情報が脳の嗅覚中枢へと伝わり、そこで情報が処理され、認識可能なにおいの「イメージ」がつくりあげられるのだ。口蓋にはヤコブソン器官があり、2つの細い管で鼻腔へとつながっている。

豆知識

猫の鼻には、黒やピンクの鼻鏡(びきょう)がある。これは丈夫な皮の部分で、色は遺伝や全身の毛の色で決まってくる。

安心できるにおい

猫好きでもない人にとって、家具や人間の足に体をこすりつける猫の習性は、実にやっかいなもの。だが、猫にとって、これは欠かせない習慣なのだ。猫の顔の辺りには臭腺があり、体を家具にこすりつけることで自分のにおいをそこらじゅうに残し、安心感を得ているのだから。環境の変化は、猫を不安にさせる。一部の猫にとって、家を常にピカピカにしているタイプの飼い主ほど、最悪なものはない。安らぎをくれるにおいを執拗に取り除いたあげく、慣れないにおいと交換してしまうからだ。

フレーメン反応

愛猫が口をわずかに開いて上唇をまくり上げ、鼻をピクピクさせる、そんな奇妙な表情を見せることはないだろうか？　これは、悪臭に顔をしかめているわけではなく、空気のテイスティングをしているのだ。この行動はフレーメン反応と呼ばれ、虎などすべてのネコ科動物に見られるもの。においを分析するため、猫は空気を深く吸い、においをたっぷり含ませた唾液を、口蓋にあるヤコブソン器官全体にピシャピシャとかける。猫はこのフレーメン反応を使ってフェロモンを感知していると考えられており、発情期のメスを探しているオス猫にとっては、特に役立つことだろう。

相手の識別

私たち人間の場合、外見で相手を識別する。視覚を頼りに、顔をはじめとした体のパーツを確認しているのだ。だが、猫は違う。たいていの場合、猫は嗅覚を頼りに他の猫や人間を識別しているため、相手のにおいが変わっただけで、ひどく混乱してしまうことがある。ときには、猫どうしのケンカにまで発展しかねない。猫を2匹以上飼っている人ならお気づきかと思うが、1匹を動物病院から連れて帰ってみると、家に残っていたもう1匹との関係が何やらギスギスしていることがある。対面の瞬間から、明らかに緊張感が漂っているのだ。戻ってきた猫には、動物病院の慣れないにおいがたっぷり染みついているため、他の猫にとっては初対面に思えてしまうのである。この問題の解決策はシンプルだ。動物病院に猫を迎えに行くとき、使い慣れた毛布かタオルを家から持参し、帰宅する前に猫の体をすみずみまで拭いてやるのだ。こうすることで、猫に「わが家のにおい」を移すことができる。

もともと猫を飼っている家庭に新しい猫を連れてくる場合にも、同じことが言える。先住猫のにおいになじませるため、新入りの猫は数日間隔離されることが多いのだが、ここで効果的なのが、新入り猫の毛布やおもちゃで先住猫をこすってやることだ。次に、その逆もおこなう。こうすることで、2匹は互いのにおいを受け入れるようになるのである。

意外なことではあるが、あらゆる猫が嗅覚中心に動くわけでもない。イギリスのリンカーン大学がおこなった研究では、視覚刺激よりにおいに対して大きく反応する猫がほとんどだった一方、視覚のほうが比較的優位な猫も少数いることがわかった。だからこそ、普段と違う床用洗剤を使ったりした場合に、同じ家の猫でも見せる反応が異なるのだ。家のにおいが変化したことに動揺する猫もいる一方で、視覚刺激に比較的依存している猫は、においの変化をさほど気にしないのだ。

キャビア探知猫

ルーシクは捨て猫だったが、ロシアのスタヴロポリにある検問所の係官に引き取られた。実は、ルーシクにはあるものを嗅ぎ当てる才能があった——それは、キャビアだ。絶滅の危機に瀕したチョウザメの卵を塩漬けにしてつくる、非常に高価な珍味。密輸ルートに設けられた検問所では、密漁されたチョウザメから採取された貴重なキャビアを車の積み荷から見つけ出すため、探知犬を使っていた。ルーシクはまもなく、この探知犬に取って代わってしまう。隠された密輸品のありかを探り当てる能力が、犬より断然優れていたからだ。残念ながら、ルーシクは車にひかれ亡くなったが、密輸組織の陰謀で「消された」のだと主張する人も数多い。

豆知識

嗅覚は、生まれたての子猫が最初に用いる感覚だ。子猫の目は開いておらず、耳の穴もふさがっているため、嗅覚を頼りに、母親のおっぱいへとたどり着く。まもなく、子猫は不快なにおいを認識し、回避することも学習していく。

においを残す

夜、窓の外から近所のオス猫の切ない鳴き声が聞こえたら、あなたの飼っているメス猫は発情期にあると見てよいだろう。しかし、オス猫にはいったいなぜ、窓辺で交尾の相手を呼ぶのに適切な時期がわかるのだろうか？　すべては、フェロモンのしわざである。フェロモンは猫が生み出す化学信号で、他の猫の行動を変える働きがある。猫はさまざまなフェロモンを生み出すが、最も良く知られているのは性フェロモンである。メス猫は、交尾の準備が整うと性フェロモンをつくる。さほどたくさんつくる必要はない。フェロモンは風で運ばれ、10キロほど先にいるオス猫でも感知することができるのだ。

家の中で、猫が顔をこすりつけた表面には、いわゆる「フェイシャルフェロモン」が付着する。時間が経つにつれて、頻繁にこすりつけている箇所には、油っぽい茶色のしみが残る。しっぽや足にも臭腺があるほか、授乳中のメス猫は、乳首辺りの腺からもフェロモンを出す。親と子が万一はぐれたとしても、このフェロモンの作用で子猫は落ち着き、親猫は自分の子であるという確認がとれるのだ。

不安げな様子を見せる飼い猫に対し、獣医は猫を落ち着かせる合成フェロモンを使うよう勧めることが多い。合成フェロモンのにおいはフェイシャルフェロモンのにおいと似ており、このにおいが幸福感と関係しているのだ。また、こうした合成フェロモンには、猫の噛み癖や引っかき癖、マーキングを防止する効果も期待できるかもしれない。

豆知識

猫の尿のにおいはネズミにとっては嫌なものであるため、普通は近寄ろうとしない。ところが、トキソプラズマ症をもたらす寄生虫に感染したげっ歯類（ネズミ）は、行動パターンが変わり、猫の尿に引き寄せられるようになる。結果、猫のえじきとなり、寄生虫が猫へと乗り移る確率も高くなる。つまり、この寄生虫はネズミの行動を操ることで、未感染者へと乗り移り、その将来を安泰なものにしているのだ。

やれやれ、オス猫と来たら!

オス猫の尿には刺激臭があり、これにすっかり参ってしまう飼い主もいる。あれほど去勢されるオス猫が多いのも、これが主な理由だ。しかし、なぜオス猫の尿にはあれほど強烈なにおいがあるのだろう？　それは、情報を伝えるためである。どの猫でも、その尿には多少なりともフェロモンが含まれているのだが、オス猫の尿の場合、フェリニンと呼ばれる特別においの強いアミノ酸が豊富に含まれている。オス猫は、壁や塀や門に向かって勢いよく2、3発「名刺代わりに」尿をスプレーしているのだ。また、オス猫の尿は油っぽく粘着性があり、おまけに肛門腺から出る分泌物まで含まれている。これなら、他の猫が見過ごすはずがない。オス猫は辺りを巡回しつつ、名刺代わりに残された数多くの痕跡を嗅ぎ、このエリアにはほかにどの猫がいたのか、性別はどちらか、そして、どのくらい前にここを通り過ぎたのかを読み取るのだ。

猫の麻薬

裏庭に生えている何の変哲もない灰色の草を、飼い猫がいじくり回し、体をすりつけ、舌でペロペロとなめ、あげくの果てにはよだれを垂らしている光景を目の当たりにすれば、事情を知らない人なら猫の気が狂ってしまったと思うだろう。当たらずとも遠からずといったところだ。キャットニップ（学名：Nepeta cataria）が持つかぐわしい香りを前にすると、猫によっては完全に快楽に狂ってしまい、時にはしばらく夢中になりすぎて、周囲で起きていることにまったく気づかなくなってしまうことすらあるのだ。そして突然、キャットニップの効き目はばったりと切れる。猫は立ち上がり、何事もなかったかのように歩き去っていく。いったい、なぜだろうか？　キャットニップは猫にとって、大麻と少し似ているのだ。そのため、猫はキャットニップから強烈な刺激を受けるのである。

キャットニップはシソ科に属し、揮発性油とタンニンを豊富に含んでいる。特に、ネペタラクトンと呼ばれる油は猫の鼻の中へと進入し、一部の感覚受容器に刺激を与えることで、脳内に強烈な性的興奮を引き起こす。実際、ネペタラクトンは、猫の性フェロモンと構造がよく似ているのだ。どうりで、キャットニップを使った猫のおもちゃが多いわけである。そして、こうした反応はみな遺伝的なものだ。その猫に特定の遺伝子があればキャットニップに反応するし、遺伝子がなければ少しも反応しない。この遺伝子はネコ科の動物全般に見られるため、ライオンもあなたの猫とまったく同じように、キャットニップの香りにイカれてしまう可能性があるのだ。

CHAPTER 4: TASTE
味覚

猫が食事時に、あれがいいこれは嫌と、やたらにえり好みをするのはよくあることだ。また、ある日好きだった食べ物も、次の日には嫌いになっていたりする。猫のこのふるまいのわけは、実は舌にある。

味蕾（みらい）

猫の舌は、獲物の肉を骨からそぎ取ったり、毛づくろいしたりしやすいように、乳頭（にゅうとう）と呼ばれる微小な突起物で覆われている（右ページ参照）。味蕾があるのも、この乳頭部分である。人間の舌は9000を超える味蕾で覆われているが、猫は人間よりも舌がずっと小さいため、味蕾の数は500である。味蕾上にある味覚受容器は、舌の表面にあるたんぱく質から形成されている。食物中に含まれる特定の化学物質が分解され、このたんぱく質に触れることで、受容器が活性化し、情報が脳へと伝達されるのだ。

人間の舌には、少なくとも5種類の味蕾が存在する——塩味、酸味、苦味、甘味、そしてうま味を感じる味蕾だ。さらに、脂っこい食べ物に反応する第6の味蕾まで存在するとも言われている。猫の場合、事情は異なる。猫にも味蕾はあるものの、種類が人間より少ないのだ。私たち人間は甘い食べ物に目がないし、他の多くの哺乳類も同様なのだが、猫は例外で、甘味を感知する能力が欠けている。現在わかっている限りでは、猫に感知できるのはたんぱく質、苦味、脂味（あぶらみ）のみだ。

豆知識

もう1つ、猫の味覚には奇妙なところがある。それは、温かいエサを好むところだ。アイスクリームやシャーベットが大好きな人間とは異なり、猫の舌には冷たい食べ物がまるで合わないのだ。むしろ、体温（猫の平熱は38～39℃）と同じ温度——理想を言えば、舌の温度ぐらいの食べ物を猫は好むのである。このことはおそらく、温かい獲物の体を食べていたことと関係しているのだろう。猫が食べ物を食べてくれず困っているのなら、冷蔵庫から出したばかりのウェットフードは与えないことだ——試しに、少しだけ温めてみよう。

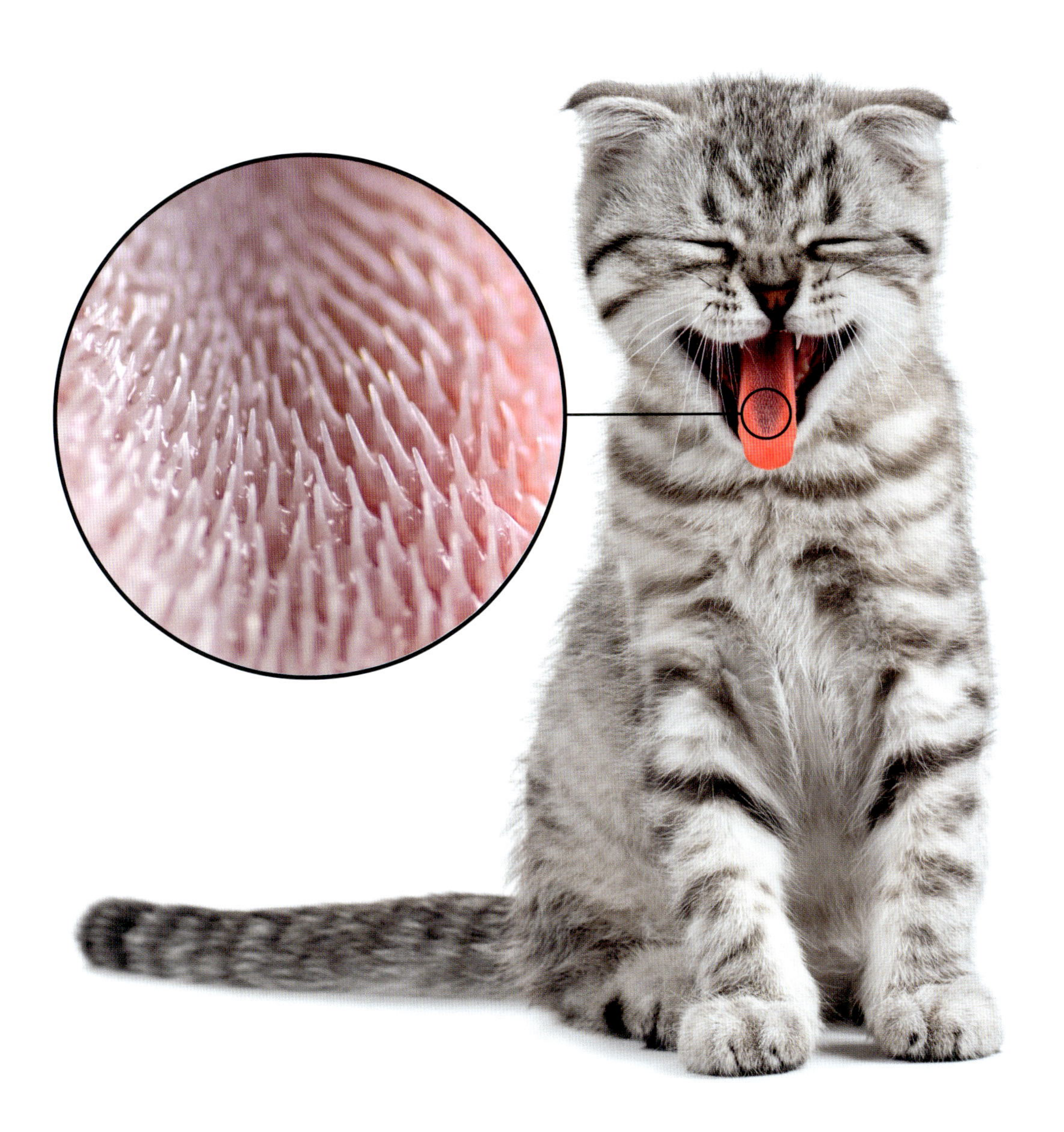

甘味

猫が甘い食べ物を甘く感じることができない原因は、遺伝子にある。甘味を感じる能力は、2種類の遺伝子によってもたらされる。これらの遺伝子があることで生成される、2つのたんぱく質が結合し、味覚受容器が形成されるのだ。

食べ物に糖分が含まれていることを知る能力は、多くの動物の役に立つ。甘い味がすれば、その食べ物にはエネルギーが豊富に存在し、手軽に摂取できる糖分が含まれているとわかる。甘い食べ物は、即座に利用が可能な、すばらしいエネルギー源なのだ。人間は、熊や狼や犬といった多くの動物たちと同様に雑食で、肉食と菜食の両方をおこなっている。こうした動物たちはみな、前出の2つの遺伝子を持っており、糖の味がわかる。レイヨウやシマウマといった草食哺乳類にも、糖の味はわかる。

ところが、ネコ科の動物は違う。家畜であれ野生であれ、猫は肉は食べるが、木の実などの植物を食べない。肉だけを食べて生きる、「真性肉食動物」なのだ。そのために、甘味受容器たんぱく質の生成にかかわる遺伝子の1つが抑制されている。過去にこの遺伝子に変化が生じ、現在は機能しないのだ。よって、猫は甘味受容器たんぱく質の生成ができず、したがって甘味受容器も存在しないわけである。これをつきとめたのは、アメリカのフィラデルフィアにある、モネル化学感覚研究所の研究員たちだ。さらに調べた結果、ネコ科動物以外にも、ブチハイエナ（多くのハイエナは腐肉食動物だが、ブチハイエナは狩猟で獲得した獲物を食べることが多い真性肉食動物とされる）、アシカ、アザラシ、イルカは、糖を欲しない真性肉食動物と判明している。

猫はさらに、体内の糖分量を調節する、肝臓内の鍵酵素も持たないことが、研究からわかっている。こうなると、市販のキャットフードの多くに2割もの炭水化物（炭水化物は糖質と食物繊維から成る）が含まれているのも、異常なことに思えてくる。なにしろ、猫にはきちんと処理しきれないほどの量なのだ。糖尿病を患う猫が増えているのも、おそらくこれが原因だろう。

エナジーフード

猫は、糖を味わうことはできないものの、ATP（アデノシン三リン酸）と呼ばれる物質を味わうことはできる。ATPはエネルギーを蓄えた分子で、どの細胞内にも存在する。いわば、1種のエネルギー通貨なのだ。細胞内に取り込まれた糖は、綿密に制御された段階を経て分解される。この時に放出されたエネルギーが、ATPの中に閉じ込められる。猫が捕食する動物の筋肉のように、ATPが豊富に含まれている食べ物であれば、おそらくはエネルギー源としても優れていると考えられる。

苦味

苦味は、猫と人間がそろって認識できる味の1つだ。だが、苦味を検出することにかけては、猫のほうが私たちよりずっと優れている。猫は、「苦味のスーパーテイスター」なのだ。しかし、いったい猫はなぜ、人間よりも苦味に対する感受性がはるかに強いのだろうか？　哺乳類のうち、草食動物は苦い物質の味がわかるようになっているが、これは多くの有毒植物にある苦味を見抜けるようにするためだと考えられている。だが、真性肉食動物に苦味の受容器が備わっている理由は、このようにすんなりとはいかないのだ。

モネル化学感覚研究所の生物学者、チャン・ペイファ博士の研究からわかったのは、猫は苦味受容器を駆使することで、カエルなど毒を持つ可能性のある獲物を識別できるだけでなく、獲物である草食動物の腹の中にある、植物の毒までも感知できるということだ。さらに、別の研究において注目されているのが、細菌の感染を察知する苦味受容器の働きである。苦味受容器は舌の上だけでなく、肺などの器官にも見つかっている。単に味を感じるという目的のみには不つりあいなほど、猫には苦味受容器がたくさんある。これは細菌伝染病に対する防衛手段の1つなのだというのが、研究者たちの見解である。

苦味受容器の存在を考えれば、猫があそこまで食べ物にうるさい理由もわかるかもしれない。苦味に敏感であるがゆえに、人間がどんな食べ物を与えようが、不快な味を感じ取ってしまいやすいのである。ましてや、自然食とは似ても似つかない、加工度の高いキャットフードを飼い主から与えられた日には、人間が全然気づかなかった味を認識し、かなりの不快感を覚えても仕方ないとは言えないだろうか？

CHAPTER 5:
A SENSE OF TOUCH AND BALANCE
触覚とバランス感覚

猫のヒゲは、何のためにあるのだろうか？　飼い主にたずねれば、「すき間を通れるか調べるため」という答えが返ってくるだろう。そう、それで正解。ただし、ヒゲにはほかにも、もっとたくさんの役割があるのだ。

猫のヒゲ

ヒゲは洞毛(どうもう)とも呼ばれ、猫にとっては重要な触覚受容器だ。猫には、動かすことのできるヒゲが24本あり、顔の両側に12本ずつ、3段に分かれて生えている。1本1本のヒゲは長く太く、深く根を張っている。筋肉につながっているため、前後に動かすことが可能だ。ヒゲの根元には神経終末が集中しており、ヒゲの先端部分には感覚受容器がある。感覚受容器は、わずかな空気の流れ、気圧や気温の変化といった、周囲の空気の変化を敏感に感じ取る。顔の周りの空気が少しでも動けば、それがヒゲに伝わるのだ。たとえ、それがごく微小な動きであっても、受容器は反応し、脳へと情報が送られる。ヒゲの先端の敏感さは相当なもので、ヒゲが物体に触れると、猫はすぐに気がつく。だから、猫はヒゲのおかげですき間の幅もわかるし、暗闇の中を何にもぶつからずに動きまわることもできるのだ。

猫の体には、センサーの役割を持つ毛がヒゲ以外にも生えている。猫の毛や皮膚は全体的に触覚が敏感で、センサー役の短く硬い毛が、目の上や頬、あご、ひじにもふさふさと生えている。前足の裏側にも短い毛が生えており、足下に目をやることなく適切な位置に足を置けるようになっている。また、耳介にもセンサー代わりの毛の束が少しばかり生えている。肉球も感覚が鋭いうえ、犬歯の表面にさえ、鋭敏な触覚があるのだ。

豆知識

猫のヒゲを切りそろえてしまうのは、残酷で危険なこと。猫から触覚を奪うことになるからだ。センサーであるヒゲを失えば、猫は方向がわからなくなり、おびえてしまうことも多い。人間が思っている以上に、猫のヒゲは暗闇では欠かせないものだし、猫の目には見えづらい近くのものだって、代わりにヒゲで「見る」ことまでできるのだ。もし病気やケガで目が見えなくなっても、ヒゲが目の代わりになってくれる。

ヒゲが伝えるメッセージ

ヒゲから得た情報で、他の感覚から得た情報を補うことも多い。たとえば、ヒゲが集めた情報は内耳へと送られ、三半規管が集めた情報と合わさって、身体のバランスが維持されている。猫にはすぐ近くのものがよく見えないため(p.23参照)、鼻先で起こっていることはヒゲを使って把握する。ネズミなどの小さい獲物をつかまえると、ヒゲが前方へ傾き、かごのように獲物を包んで大きさと形を調べ、脳に知らせる。特に重要な情報は、獲物の首筋の場所――ひとかみで息の根を止められる、獲物の急所だ。猫は子猫のうちから獲物の殺し方を身につけるが、一番大事なのは、強靭なあごで獲物の首筋にかみつくことだ。こうすることで、犬歯が椎骨と椎骨の間へ入り、脊髄を切断できるのだ。

ヒゲは、猫がコミュニケーションをとるためにも重要なもの。横に広げたり前に向けたり、ヒゲの向きを変えることで、他の猫、そして人間にも、明確なメッセージを送っている。猫が耳を寝かせ、ヒゲを顔にくっつけていれば、近寄るなというメッセージだし、ヒゲが前に向いていれば、興味や親しみを感じているということだ。

豆知識

顔の横についているヒゲの生え方は、猫によって異なっている。猫の「指紋」のようなものだ。

バランス

猫は高いところから落ちても、常に足から着地するというのはよく聞く話だ。猫には驚異的なバランス感覚があり、塀や木の枝の上でもスイスイと歩くことができるため、意図せず落っこちてしまう猫を目撃することはほとんどない。実際に落ちたとしても、猫はバランス感覚を生かし、足から着地するのだ。

バランスを保つことは、耳の第2の役割。内耳には蝸牛だけではなく、三半規管と呼ばれる、液体で満たされた3本の管がある。3本の管は互いに直角に並んでいて、猫が片側に頭を傾けると中の液体が動き、感覚受容器が刺激され、情報が脳へと伝わるようになっている。3つの半規管は、それぞれ違う方向の動きを検出する。水平半規管は頭の水平回転を感じ取り、他の2つは上下左右の動きを拾う。体の回転が止まっても目がまわり続けることがあるが、これは三半規管内部の液体の動きはすぐに止まらず、慣性でわずかに動き続けるためだ。

猫の長いしっぽも、バランスをとるために大切なもの。フェンスや塀の上を歩くとき、猫はしっぽを重りとして使い、左右に振ることでバランスをとっている。体勢が崩れてくると、猫のしっぽは頭と逆の方向へ動き、体のバランスを保つのだ。

足から着地

驚いたことに、猫はどんなにせまいすき間でも通り抜けてしまう。これは、人間と比べて椎骨の数が5つ多く、背中が柔軟なためだ。しかも、猫には厳密な意味での鎖骨も存在しない（人間の鎖骨は肩甲骨と胸骨を連結しているが、猫の鎖骨は退化して他の骨とつながっていない）。おかげで、ごくわずかなすき間でも身をよじって通れるうえ、空中でも体を簡単に回転させることができるようになっている。このため、猫は落下中に体をひねることができ、正しい向きで着地できる可能性が高くなる。このたくみな動きは「立ち直り反射」と呼ばれるものだ。

たとえば、塀から落ちるときには背中から落ちていくことが多い。そこで、猫はまず体を折り曲げ、頭を回転させる。次に前足、それから後足とひねっていき、空中で自分の体勢を整える。前足、後足の順で地面に着くようにし、さらに、体をアーチ状に丸める。こうすることで、着地の衝撃をやわらげることができるのだ。また、しっぽにも役割がある。しっぽを回すことで、猫の体は空中でも水平に保たれるのだ。前のめりになるのを防ぐため、猫はしっぽを垂直に立て、着地しやすくしている。

豆知識

猫が体の向きを正しく立て直す能力は、持って生まれたものだ。もともと備わっているため、学習する必要はない。生後6週間で、子猫の立ち直り反射は完全に発達する。

落下しても生き残る

高層マンションの窓から落下し、地面に落ちても生きのびた猫のエピソードは、枚挙にいとまがない。ある猫の場合、マンハッタンの摩天楼の26階という高さの窓から落下しながらも、数カ所の骨折のみで命は助かった。事故後、「ラッキー」というあだ名をつけられたのも当然だろう。もう1匹、すごい猫がいる。名前はシュガー。ボストンで19階の窓から転落したものの、数カ所あざができただけだった。

ネコ科の動物は長らく樹上生活をしていたため、地面に落ちても生きのびられるように適応することは、生存上極めて重要なことだった。空中で体勢を立て直せるだけではなく、猫にはほかにも、高いところから落下する際の速度を落とす術（すべ）まで備わっている。猫は軽い体と厚い毛皮を持っていて、落下するときに四肢を広げ、さながらパラシュートのように空気抵抗を増やし、落ちるスピードを遅くするのだ。さらに、地面にぶつかる前には力を抜き、やわらかく着地できるようにする一方、長い足が衝撃を吸収する。研究データによると、地面へ落下する猫の最終到達速度は時速97キロメートルなのに対し、平均的な大きさの人間の場合、落下速度は最高で時速193キロメートルに達する。だから、猫は転落しても、人間より生き残る確率が高いのだ。

フライングキャット症候群

獣医のウェイン・ホイットニーとシェリル・メルハフの仕事場は高層ビルが建ち並ぶマンハッタンであり、窓から転落した猫が手術室にかつぎこまれる光景は見慣れたものだった。いわゆる「フライングキャット症候群」の犠牲となった猫たちである。1987年、2人は落下した猫の負傷具合を調査してみることにした。5カ月という期間内に2人が調査したのは、2〜32階の高さから舗装された道路に落下した、115匹の猫。平均して5.5階の高さから落ちたにもかかわらず、このうち90％の猫が生きのびたのだった。信じられないことに、32階から落下した後も生き残り、2日後には帰宅できるほど回復した猫までいた。ホイットニーとメルハフは統計をまとめたが、出てきた結果は妙なものだった。なんと、7〜32階から転落した猫のほうが、2〜6階から転落した猫より死亡率が低かったのだ。高い階から落ちた猫のほうが、体勢を立て直し、落下速度を遅らせる時間の余裕があったため、生き残ったのかもしれない。ただし、この統計には注意も必要だ。まず、病院にかつぎこまれた猫の中には、落下してすでに亡くなってしまった猫は含まれていない。そして、低い階から落ちたものの、ケガが軽く治療の必要すらないため、獣医のところへは連れていかれなかった猫もいたかもしれないからだ。

SECTION TWO 第2部
猫の知能
CAT INTELLIGENCE

猫の知能が高いのは、有名な話。ただし、猫はその高い知能を、人間とは違った形で生かしている。自然の中で多くの時間を過ごすうちに猫たちが身につけたのは、自力で生きぬく術(すべ)だ。猫は一匹狼で、群れをなすこともなく、獲物を探して路上や野原をうろつきまわる。昼でも夜でも動きまわるその様子は、自信に満ちている。何百というさまざまなにおいを嗅ぎ分けることができるし、他の動物の行動パターンまで理解している。たとえば、ネズミが自分の足に尿をスプレーし、くさい跡を残す習性を知っていて、この知識を生かしてネズミをつかまえるのだ。

現代の都市に住む猫なら、都会での生き方を熟知しておく必要がある。己(おのれ)の知能を駆使し、自動車や近所に住む猫、さらには犬にいたるまで、ありとあらゆる危険を回避しなければならない。猫は知能が高く好奇心旺盛なので、いろいろな芸も覚えられる。ドアも開けられるし、訓練次第では、トイレで用を足した後に水を流すことだってできるのだ。

CHAPTER 6: THE PROCESSING CENTER
猫の脳と情報処理

猫の知能を語るうえで欠かせないのが、脳の存在だ。猫の脳は、大きさが約5センチで、重さはだいたい25グラム。体重の約0.9パーセントだ。体重の2パーセントある人間の脳と比べると、割合としては大きくない。ところが猫の場合、情報処理がおこなわれる場所（大脳皮質）に、たくさんの神経細胞があるのだ。実際、犬の神経細胞（ニューロン）は1億6000万個だが、猫のニューロンは犬のほぼ2倍、3億個という莫大な数である。どうりで、「ウチの猫は犬よりよっぽどかしこいぞ」なんて思う飼い主もいるわけだ。

ただし猫は、脳が比較的小さいので、記憶をとっておいたり、問題を解決したりするためのスペースは限られている。だから猫は、「今」のことしか頭になく、外から入ってくる情報にも単純な反応しかできない。一方、縄張りにしている裏庭や道など、3次元空間を頭に思い描く能力はとびきり優れている。おかげで、猫は脳内になわばりの地図を描きだし、そこをまわる最適なルートや、獲物がいそうな場所まで割り出すことができるのだ。

豆知識

猫の脳にも人間の脳にも、灰白質（かいはくしつ）と白質がある。外からは灰褐色に見えるのが灰白質で、その下にあるのが白質だ。

猫の脳と人間の脳の違い

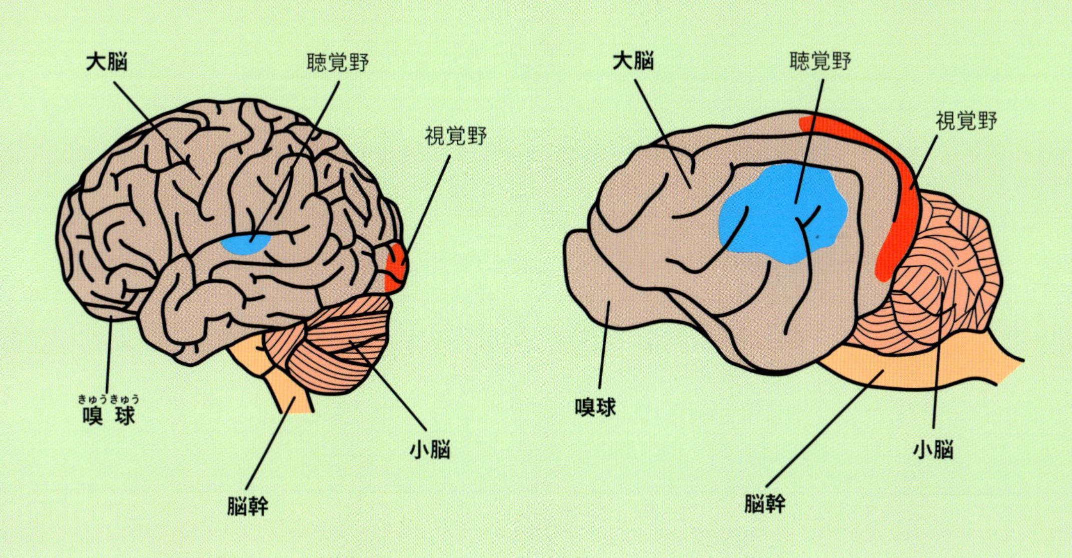

猫と人間の脳はよく似ているが、感覚情報の処理と、長期記憶の保存に関わる部分には、違いも見られる。

大脳：猫の脳の中で、最大の部位。外側の層は大脳皮質と呼ばれ、右脳と左脳という2つの大脳半球に分かれている。視覚情報と聴覚情報の処理に割かれているスペースが多い一方、嗅球も大きく発達している。

嗅球：嗅覚の中枢。猫の嗅球は目立って大きい。

小脳：大脳の下にあり、運動の調整、姿勢の制御およびバランスに関与する。

脳幹：大脳と小脳を脊髄につないでいる。呼吸、心拍数、体温、消化など、体の無意識的機能を調節する。

大脳皮質

猫の脳と人間の脳とを見比べて、まず気がつくのが、猫の大脳皮質のしわが人間のものほど多くないということだ。大脳皮質は2つの大脳半球からなり、半球それぞれが、前頭葉、後頭葉、頭頂葉、側頭葉という4つの葉(よう)に分かれている。葉には、それぞれ特定の役割がある。

前頭葉：行動、感情、知能、問題解決、発声、および筋運動をつかさどる。
後頭葉：視覚信号を読み取る。
頭頂葉：視覚の中枢。また、耳や皮膚からの情報を読み取り、体温調節や運動野、記憶をつかさどる。
側頭葉：聴覚、記憶、および感覚情報の統合に関係している。

猫の脳のメカニズムは、人間の脳とほぼ変わらない。さまざまな領域が特定の働きを遂行するとともに、領域どうしはすべて密接に結びついている。だから、情報はいろいろな場所で共有されていることが多い。こうした仕組みのおかげで、猫は五感から全情報を受け取ると、それをあっと言う間に処理し、周りの環境に対処していくことができるのだ。たとえば、大脳皮質は五感から感覚に関する情報を受け取り、読み取った情報の一部を記憶領域に保存する。また、情報は運動野（猫の体の動きをコントロールする場所）にも送られる。

視覚中枢

猫の大脳皮質には、視覚の処理をする領域があるが、そこにある神経細胞の数は、人間を含むほとんどの哺乳動物を上回っている。視神経が運んできた情報は、すべてここに集まってくる。この領域で視覚情報を処理し、これまでにためてきた視覚的な記憶と、新しい情報とを比較している。

素早い反射神経

落下中に体をひねり、足から着地する――こんな離れわざを猫がやってのけられるのも、反射神経のおかげだ。反射は、自動的に起こる作用である。1つ（もしくは複数）の感覚器官が刺激を受けると、この刺激が反射という一連の反応を引き起こすのだ。まず、情報が神経を素早く伝って、脊髄（もしくは脳）に達する。すると、情報を受け取った脊髄（脳）の命令で、別の場所にある神経が即座に無意識的な反応を示し、筋肉が動く。まばたきも咳も、熱いものから手を引っこめるのも、すべて反射だ。もう1つの例が、逃走・闘争反応（p.15参照）だ。これも、無意識的に自分を守ろうとする行動で、頭で考えることなく起こる。命を守るための瞬発的な反応は、猫にも見られる。たとえば、立ち直り反射（p.58参照）がそれだ。別の例が瞳孔で、光が目の中に入りすぎないよう、瞬時に閉じるようになっている。

猫の反射神経は人間以上なのだろうか？

おそらく、答えはイエス。ただし、猫の神経のほうが情報を素早く送れるという意味ではない。単純に、人間より猫のほうが小さい動物なので、情報の移動距離が短く、感覚器官から脳への伝達に時間がかからないというだけの話だ。

現在は脳スキャン技術が発展しつつあり、うまくいけば、特定のにおいやフェロモンなどの刺激を受けたときに、脳のどの領域が活性化するかも判明してくるだろう。すでに、尾状核（びじょうかく）と呼ばれる、大脳の深いところにある部位が、におい情報の処理にかかわっていることまでわかっている。最近では、MRI（磁気共鳴画像装置）の中で犬がおとなしくしていられるようにトレーニングしたうえで、犬の脳をスキャンし、ある刺激に対して脳のどの領域が反応するのかを調べた例もあった。犬にさまざまなにおいを嗅がせ、MRIで検査したところ、嗅球はどのにおいでも活性化したが、尾状核は身近な人（たとえば飼い主）のにおいでしか活性化しなかった。猫については、似たような実験はいまだ実現していない。ただ、犬とさほど違いはないだろうというのが研究者の見方だ。つまり、猫もおそらく、においだけで人を区別することができると考えられるのだ。

また、尾状核は、記憶の保存と処理において、重要な役割を果たす。新しい情報が入ってくると、猫はかつての経験から得た情報と照らし合わせ、どのような反応が適切なのかを判断している。おそらく、飼い主のにおいについての情報も猫の記憶の中にあり、嗅覚から入ってきた情報が尾状核に達すると、反応が起こるようになっているのだ。

豆知識

コンピューター関連の大企業であるIBMは、猫の脳を疑似的につくりだすことに成功した。この偉業に要したプロセッサの数は、2万5000。同じように人間の脳をつくろうとすれば、最低でも88万個のプロセッサが必要になるだろう。

初期の発達

生後数週間のうちに起こったことは、子猫の脳の発達に持続的な影響をもたらす。子猫の脳の発達について調べた初期の研究者に、コリン・ブレイクモアとグラハム・クーパーがいる。2人は、1970年、ある有名な実験をおこなった。生まれてまもない子猫を2つのグループに分け、片方の猫を縦じまばかりの環境に、もう片方の猫を横じまばかりの環境に置いた。こうして、1日のうち数時間、子猫たちの視覚経験に制限を加えたのだ。その結果、縦じましかない環境下で育ったグループは、水平の線が知覚できなくなることがわかった。そして、横じまの環境ではその逆のことが起こったのだ。

このシンプルな実験からわかったのは、脳の発達過程で、環境が決定的な影響を及ぼすということだ。脳は生まれた瞬間から遺伝的に固定されたものではなく、比較的柔軟なものであると判明したのだ。大脳皮質にある視覚中枢が、生後の臨界期（外から与えられる刺激の効果が最もよく現れる時期）に変化することで、環境に適応したというわけである。

別の実験もある――今度は、視覚刺激のほとんどない環境を人為的につくりだし、その中で猫を育てるというものだ。結果、このような環境で育った猫は、外を自由に歩くことのできた猫と比べ、視覚的な情報をキャッチする力が弱まることが判明した。この実験からもわかるように、生後数週間は子猫の一生の中でも大事な時期であり、このときに豊かな環境を子猫に提供することが重要なのだ。

母乳を求めて

ボクのミルクはどこ？――子猫が生まれてはじめて直面する困難。それは、母猫の乳首を探し当て、母乳をはじめて飲むことだ。母猫は生まれたての子猫をなめてきれいにしてくれるが、母乳探しを手伝ってはくれない。子猫は自主的に、乳首を目指して進まなければならないのだ。これは同時に、ほかの子猫たちと一番乗りを争うレースでもある。

ここで力を発揮するのが本能だ。生まれたての子猫は目も耳も使えないため、嗅覚と触覚を頼りに、母親の下腹に並ぶ乳首へと向かっていく。ちょうどいい場所までたどり着くと、子猫は「乳首探索モード」に入る。頭を前後に動かし、乳首のありかを探し出し、むしゃぶりつくのだ。吸う乳首は、子猫ごとに決まっていることが多い。強い子猫ほど、一番いい乳首を吸う権利が得られる。おそらく、子猫が自分のにおいつきの唾液を乳首に塗りつけるのも、その乳首が自分のものだと主張するためだろう。

生まれた後の大事な数週間、嗅覚はほかにも活躍を見せてくれる。万が一母親とはぐれてしまったときのために、子猫にはすみかまで戻る能力が必要だが、生まれて12日ぐらいは目が開いていない。そこで、嗅覚が頼りになるわけだ。母親も備えとして、すみかに自分のにおいをこすりつけておく。

豆知識

生まれつき盲目の猫や、脳に傷を負った猫の場合、脳の別の部分が、損傷した部分の代わりに機能している。

記憶

猫にも、記憶があることはわかっている。人間とまったく同じだ。そして、記憶のおかげで、何かを決めたり学習したりといったことができるのもわかっている。記憶とは複雑なもので、短期記憶と長期記憶だけでなく、第三のタイプまである。手続き記憶と呼ばれるものだ。短期記憶は作業記憶ともよばれ、前頭皮質でおこなわれている。情報を保存できるのは1分までで、保存できる数にも限りがある。人間なら、だいたい7つまでだ。人間が短期記憶を使って電話番号などを覚えておくように、猫は短期記憶で、おやつのありかなどを覚えている。

長期記憶は、側頭葉の海馬に貯めこまれる。ここならば、ずっと長い間記憶をためておくことができる。一生とっておく記憶もあれば、短い期間のみというときもある。人間の場合、長期記憶の容量は無限だが、猫については、ためられる数の上限など、詳しいことはわかっていない。なにしろ、猫の脳は小さいのだ。ただ、猫の長期記憶も数年はもつことがわかっている。たとえば、数年前に隠した食べ物やおもちゃのありかなども、覚えていたりするのだ。

3つ目に、手続き記憶というものがある。これは小脳にあり、身についた無意識の動作についての記憶がここにためられる。人間であれば、たとえば「自転車の乗り方」の記憶などが当てはまる。このような技術は、1度覚えたら忘れないものだ。猫にとって、手続き記憶は生存のために大変重要である。

長期記憶は、問題を解決する際にはとても大事なものだ。人間は学習を通じて情報をため、将来同じことが起こった場合に、どうしたらよいのかがわかるようにしておく。猫も、感覚から入ってくる情報などに反応はできるし、基本的な記憶力もあり、簡単なことであれば頭の中で考えることもできる。ただ、猫は脳がずっと小さいから、記憶をとっておけるスペースには限りがある。猫は、いまこの瞬間と、少し前のことだけを考えて生きている可能性が高いのだ。

豆知識

食生活は、猫の体の健康だけでなく、記憶力や学習能力といった、認知能力にも影響を及ぼすことがある。これは、ある意味当然のことかもしれない。

猫の記憶力はよいのだろうか？

これは、その猫次第だ。人間とまったく同じで、猫の中にも、周りより記憶力や学習能力に優れた猫がいる。そうした猫ならば、食べ物の隠し場所なども覚えているし、芸を身につけることもできる。一方、こうしたことが苦手な猫もいる。猫種による違いも大きい。アビシニアンやシャム猫の記憶力がいいのは有名な話だし、スコティッシュフォールドは適応力に優れ、芸も覚えられる。おもちゃをとってくることもできるし、リードをつけて散歩することも可能だ。

物の永続性

そこにいた相手が消えたときに、相手のことを覚えておける能力を「物の永続性」という。たとえば、ボールが転がり、家具の下に入ったとする。人間ならば、見えなくてもそこにボールがあることがわかる。これは作業記憶のおかげだ。このような認知能力は、たった2歳の赤ちゃんでも発達してきていることが確認できる。

だが、猫にもこんな能力があるのだろうか？　答えはイエスだ。お気に入りのおもちゃがソファーの下に消えると、子猫はずっとそこにいて、見えないおもちゃを捜し続ける。この能力は、狩りのときには不可欠なもの。獲物は、木の後ろに隠れたり、地面のくぼみに入ったりするからだ。猫は、獲物がどこに隠れたのかを覚えていて、その辺りを捜し、見込みがないとわかれば、探索範囲を広げる。縄張りの地図が頭に入っていることが、ここでは役に立つ。獲物が隠れていそうな場所がわかるからだ。

この能力をテストするのは、専門家であればさほど難しいことではない。猫から見える位置にキャットフードを入れたボウルを置き、その後、猫とボウルの間に仕切りを入れて、猫からキャットフードが見えないようにする。猫は相手の存在を覚えておけるから、おそらく仕切りの裏側へまわり、キャットフードを見つけることだろう。だが、1つ問題がある。猫は気が散りやすく、食べ物を隠している仕切りのほうに興味が行ってしまう可能性があるのだ。本書の10章に収録されている実験を、自分の飼い猫にも試してみよう。

猫は、どのぐらいこの作業記憶を保っていられるのだろうか？　遅延反応課題というシンプルな実験がある。これは、猫に消えたおもちゃを探させるというものだ。この実験から、猫にはだいたい30秒の作業記憶があることと、選択肢を増やすほど、記憶を保てる時間が短くなることがわかった。次におこなわれた実験では、この記録が更新された。飼い主に抱えられた猫に物体を見せてから、その物体を隠し、一定の秒数が過ぎた後で、猫を放して物体を探させたところ、60秒も作業記憶が残っていたのだ。

高齢の猫と認知症

猫も年をとると、認知機能障害になる。人間でいえば、認知症のようなものだ。人間と同じく、猫も年をとるにつれて脳細胞が失われる。おそらく、このせいで記憶にも影響が出てくるのだ。新しいスキルを身につけづらくなってきたり、記憶力がおとろえてきたりする。猫の記憶力は、病気でも悪くなることがある。人がアルツハイマー病になるように、猫は「猫認知機能障害」になるわけだ。症状としては、方向感覚をなくしたり、ひどく鳴くようになったりする。ほかにも、人間やほかの猫とかかわらないようになってきたり、睡眠パターンが乱れたり、決まった場所以外でトイレをしたり、怒りっぽくなったりもする。残念ながら、治療法はない。ただ、獣医の処方する薬で、症状をやわらげることはできる。

生得的行動

猫は生まれつきのハンターだ。猫にとって狩りは、持って生まれた生得的行動。自然な行動、本能的な行動ともいえる。だから、学習しなくてもできるのだ。猫が人に飼われるようになってからもう何千年も経つが、野生の頃の本能が消えることはなく、いまだに飼い猫の中にも眠っているのだ。なかでも狩猟本能は、実に根強く残っている。猫が鳥をつかまえるのを飼い主がやめさせようとしても、たいていは失敗することだろう。

生まれ持った行動であれば、何度も練習を繰り返さなくても適切におこなうことができる。どうすべきかは、本能が教えてくれるのだ。生得的行動は、前もって予想することもできる。子猫や人間の赤ちゃんには吸いつき反射というものがあり、乳首や、乳首に似た形の物を口に入れると、本能で吸いつく。これも、生得的行動の1種だ。このような反射がある理由は単純。生存確率を上げるためである。

習得的行動

猫も成長するにつれて、新しい行動を学習したり、身につけたりする。これも、子猫の頃からすでに始まっていることだ。きょうだいとふれあっているうちに、社会性が身についてくる。きょうだいと遊ぶときの力加減はどのぐらいがよいか？　どのくらいの強さなら、かんだり倒したりしてもいいのか？　そのようなことを、周りを観察したり遊んだりしながら、わかっていくのだ。子猫は、母親からも学習することがある。たとえば、乳離れさせた後でも子猫が乳をねだってきた場合、母親は子どもをしかったりする。こうして、どんなことならしても大丈夫か、どんなことはいけないのかを学習するわけだ。

猫がさらに成長してくると、学習する行動も増えてゆく。そして、自分の行動と、その結果を結びつけて考えることまでできるようになる。たとえば、飼い主に向かってニャーニャーと鳴けば、おやつをもらえるといったことだ。そのうちに、キャットフードの缶詰めを缶切りで開ける音だとか、ドライフードがボウルにジャラジャラと注がれる音などで、食事の時間が近いとわかるようにもなる。

習得的行動は、練習してマスターする必要がある。人間が練習して自転車に乗れるようになるのと同じで、猫も練習して「フードパズル」ができるようになる。知能の高い動物ほど、こうした学習が上手で、行動の幅も広くなる。また、生得的行動では行動パターンが固定されてしまうのに対し、習得的行動は柔軟に変えられる性質のものなので、生存し自分の種を繁栄させていくには欠かせないものだ。一方、移動する性質を持った動物の場合、夏や冬のエサ場に向かって移動するようにかりたてる欲求が、生まれたときから備わっている。1年のどの時期に出発しなければならないか、どのルートを通らなければならないのかが、あらかじめインプットされているのだ。これは生得的行動なので、変えることはできない。もし移動ルートに何か大変な事態が起こったとしても、ほとんど何もできないということだ。わかりやすい例が、池まで移動して産卵するカエルだ。池までのルート上に道路ができていることに気づいたとしても、カエルは道路を渡る。たとえ、自動車につぶされることになったとしても。それが本能だからだ。

習得的行動の代表的なカテゴリー

習慣化：刺激に繰り返しさらされることで、何かの行動を身につけるという学習法のこと。新しい経験をすると、動物の行動が変わることがある。たとえば、家の中で何か新しい物体に遭遇すると、猫は本能的に警戒する。なかには、見慣れない物体に驚き、逃げ出す猫もいるかもしれない。ところが、この物体に何度遭遇しても悪いことが起きなかった場合、猫は危険がないと判断し、無視することを学習するわけだ。

観察学習：子猫は、自分の目で観察しながら学習していく。母親といるときは特にそうで、さまざまなタイプの行動を学んでいく。狩りはもともと本能でできることだが、母親が獲物に忍び寄ってとびかかり、仕留める様子を観察することで、母親のやり方をまね、狩りの技術をますます洗練させていける。また、きょうだいや仲間がおもちゃで遊んでいるところを観察し、それをまねて新しい行動を身につけていく。

条件づけによる学習：これは報酬で行動を身につけていくことだ。人間が猫に新しい行動を教えようとするときには、これを利用する。うまくやれればごほうびを与え、その行動をとるように持っていくのだ。これと逆の方法もある。罰を使うやり方だ。しかられることで、猫はやってはいけない行動をやらなくなってゆく。習得的行動については、7章でも説明していこう。

猫は夢を見る?

睡眠中の猫が、しっぽをサッと動かしたり、走っているかのように足を動かしたり、ヒゲをピクピクさせたり、歯をカタカタ鳴らしたりすることがある。これは、猫が夢を見ているということだ。猫は睡眠時間が長く、1日に20時間も眠る猫までいる。人間と同様に、猫の眠りも2つの段階に分けられる。レム睡眠（レムは「急速眼球運動」を意味する）と、ノンレム睡眠（深い睡眠）だ。人間も猫も、レム睡眠のときに夢を見る。脳の中で記憶をつかさどっているのは海馬という部位だが、海馬は夢にも関係している。人間は、レム睡眠が90分ごとにやってくるが、猫の場合は25分周期だ。猫はどんな夢を見ているのだろうか？

人間の脳の中には「電源オフのスイッチ」のようなものがあり、睡眠中に起きあがり、夢で見ていることを実演してしまわぬように、手足を動かす筋肉が作動しないようにしている。猫も同じで、レム睡眠の間は、完全にリラックスした状態になっているのが普通だ。ところが、このスイッチの働きも、完璧にはいかないことがある。だから、睡眠中の猫の足が動いたり、しっぽがピクッとなったりする。ときには、ビクっと動いたはずみに目を覚ましてしまい、何がどうなったのかわからず、驚いた表情になっているときもある。これが高齢の猫になると、スイッチがますます効きにくくなってきて、睡眠中に動きまわることもある。次に飼い猫が寝たときには、夢を見ている様子はないか、注意して見てみてほしい。レム睡眠は、寝てからだいたい15分後に開始される。

人間が悪夢を見ることがあるのと同じく、猫の夢にも嫌な経験が出てくることもあるのだろう。保護施設から引き取られた猫が、ときどき寝ている間にうなされて、恐怖の色を顔に浮かべてとび起きるという話もある。インターネット上には、子猫が悪夢を見て足をバタバタさせていることに母猫が気づき、その足で子猫を抱きしめてやる動画も上がっている。

深い眠り

猫は、家の中で起こっていることにはだいたい気がつく。なぜなら、猫が寝ている時間の約3分の2は、五感は目を覚ましたままだからだ。つまり、音にもにおいにも反応できるということだ。キャットフードの袋を開けると、眠っていたはずの猫が来るのも当然である。上の階で寝ていると思っていても、猫はやって来るのだ。ただ、睡眠周期によっては、猫も完全にスイッチがオフになっていて、眠りから覚めるのにいつもより少々時間がかかることもある。そんなときは、あくびをしてから、足を曲げ伸ばしする。それからサッと毛づくろいをして、ふたたび外の世界へ飛び出していくのだ。

豆知識

1日に20時間寝る猫もいるが、平均すると、猫の睡眠時間は12時間ほどだ。

夢についての実験

ミシェル・ジュヴェは、フランスの実験医学の教授だ。ジュヴェの研究を見ることで、猫の夢についていろいろと知ることができる。1959年のこと、教授は猫に手術を施し、脳からほんの小さな破片を取り除いた。この破片は、寝ている間に筋肉の動きをオフにするスイッチのようなもの。現在の基準からすれば残酷な実験だが、このおかげで、さまざまなことが判明した。ノンレム睡眠状態の猫はおとなしく、体も動かさずにすやすやと眠っていたのだが、レム睡眠が始まると、猫は体を勢いよく起こし、実際はいない獲物に忍び寄り、襲いかかった——すなわち、狩りを始めたのだ。さらに、別の猫に出くわしたときのようにシャーッと威嚇し、うなり声をあげ、背中を丸めるしぐさも見られた。予想されていたとおり、猫も人間と同じく、普段の生活が夢に出てきていることが、この実験で確認されたのだ。

時間の感覚

自分の猫は、時刻をよく知っていると言う飼い主は多い。食事の時刻や、起きる時刻などがわかるというのだ。時刻がわかる動物は数多い。なぜなら、24時間をはかる時計が体の中に入っていて、いつ活動すべきか、いつ寝たらよいのかなどを教えてくれるからだ。これはサーカディアンリズムと呼ばれるもので、主時計と呼ばれる体内時計がコントロールしている。主時計が入っているのは、視交叉上核(しこうさじょうかく)という、脳の一部分だ。視交叉上核は大脳半球の中にあり、視神経の入り口に近いところにある。何千という神経細胞がここにはあり、寝たり起きたりというパターンをコントロールしている。

猫は時刻の感覚が鋭いだけではなく、時間の長さをはかるのも得意であるようだ。秒単位や分単位のような短い時間をだいたい計れることは、何かしらの判断をせまられたときに大切であり、生きぬくために役に立つ。たとえば、獲物を追いかけているときに、一番大事なのは、とびかかるタイミングだ。いつとびかかるのか、ぴったりなタイミングを判断するのが非常に重要となる。研究の結果、猫には5秒と20秒の区別がつくようだ。しかも、5秒と8秒の違いがわかる猫までいる。時間の長さがわかることは、夜になると特に大切。猫は暗いときに活動するため、時間がわかれば家からどのぐらい来たのかがだいたいわかり、帰宅するのに役立つかもしれない。

狩りが大好き

飼い猫たちは普段、満ち足りた生活を送っている。食べ物はいつでももらえるし（ときには多すぎるぐらいだ)、水も、あったかい寝床も、たくさんのおもちゃも手に入る。これ以上、何が必要だというのだろう？　答えはそう、狩りだ！　狩りをしたいという欲求は、猫の骨の髄まで染みついている。猫にとって、狩りは本当に楽しいらしい。だから、獲物に忍び寄り、追いかけ、とびかかって殺す練習は、子猫たちにとって大のお気に入りだ。猫は早いうちから狩りを始め、大きくなるにつれて、技術もどんどん洗練されていく。

大型のネコ科動物でも、事情は同じだ。たとえば、まだ若いライオンは、群れの中でエサを運んでもらう立場だが、成長すると、狩りをする群れについていくことが許される。最初は見やすい場所から大人のライオンたちの狩りを観察し、それから死んだ獲物のところへ行って分け前にありつく。こうしてだんだんと獲物の仕留め方を学んでいき、ついには狩りに参加させてもらえるようになるのだ。

どうして、猫は狩りがこんなにも好きなのだろう？　それは、狩りをすることで興奮し、エンドルフィンという快楽ホルモンが放出されるからだ。狩りで獲物を殺したくてウズウズしている猫は、夜になると外に出してほしいとねだる。外出を制限した場合、放っておくとフラストレーションがたまってしまうこともあるため、欲求のはけ口がほかに必要となる。ここで役に立つのがおもちゃだ。チューチューと鳴き声を立てる天然毛のネズミのおもちゃがあれば、獲物の代わりになってくれる。

狩りはやめさせるべき?

飼い猫からは、狩りの欲求を取り除くべきだ――ジョン・ブラッドショーはこう考えている。現代では、飼い猫には十分な食事が与えられているし、農場の害獣駆除に使われている猫もほとんどいない。そのため、狩りをさせておく正当な理由がないというのだ。野生動物の減少が進むなか、年間で何百万匹もの動物を猫に殺させておくわけにはいかない――これが、ブラッドショーの考えである。最近生み出された猫種の中には、ベンガルのように、非常に強い狩猟欲求と、他の猫への攻撃性を持った猫種がいる。逆に、シャムは何世代にもわたる品種改良の末、室内飼いにぴったりな猫となっており、狩りの仕方をほとんど忘れてしまっている。ブラッドショーが望ましいと考えるのは、狩りをしない猫を品種改良で生み出すことだ。それまでは、猫の首に鈴をつけておきたい。そうして猫が近くにいることを、鳥やげっ歯類に知らせるのである。

夜は何をしている?

夜、屋外に出た飼い猫は、いったいどこへ行っているのだろうか？　おとなしく裏庭にいるのか、はたまた遠くをぶらついているのか……　2013年、BBCのドキュメンタリー番組『ホライゾン』が、イギリスの王立獣医大学教授のアラン・ウィルソンとタッグを組み、猫の屋外での行動を調べた。研究チームは、首輪にGPSを取りつけ、猫が移動中に作動するようにした。調査対象となったのはすべて、イングランドのサリー州にある小さな村の猫で、研究チームは行動を記録することに成功。次に、GPSから得られたデータを処理し、コンピューターソフトを使って航空写真と猫の動きとを重ね合わせた。猫の動いたルートを視覚化するためである。その結果、家の近くから動かなかった猫もいれば、周囲の田園地帯までさまよいこんだものもいた。また、近くに住む猫に会いに行った猫も少数いた一方で、ほかの猫との遭遇をつとめて避けようとする猫も見られた。

同じような研究は、世界各地でおこなわれている。そのなかで、最大かつ最も有名なのは、「キャット・トラッカー」だ。これは、ノースカロライナ州立大学を中心に活動する研究者たちが立ち上げた研究プロジェクトである。すでに、500人を超える猫の飼い主たち（大部分はアメリカ在住）が、キャット・トラッカーに参加している。2017年の初めの時点でプロジェクトは進行中であり、すでに100匹を超える猫の足跡が記録されている。2015年には、フィリップ・ロートマン博士率いる南オーストラリア大学の研究チーム、ディスカバリー・サークルが、このプロジェクトに参加した。キャット・トラッカーのおかげで、飼い猫が夜にどの辺りまでさまよい歩いているのかがわかってきた。さらに、キャット・トラッカーを活用すれば、地方自治体は猫の引き起こすさまざまな問題――鳥などの野生動物への襲撃、ケンカ、メス猫が夜に発情して鳴く声、公園内でのスプレー行為や排便行為など――にも対応しやすくなるだろう。

キャット・トラッカーにボランティアとして参加するには、GPSを固定する器具（ハーネス）が必要だ。このプロジェクトに参加している大学の近くに住んでいれば、装置は貸し出してもらえるが、そうでなければ推奨されているモデルをみずから購入することになる。猫は5日間にわたってハーネスを装着する。5日後に、ハーネスはつけたまま、GPSユニットだけを取りはずす。データを研究者に送信し、充電しなおしたGPSユニットをふたたび猫に取りつけ、さらに5日間トラッキングする。キャット・トラッカーで得られた最初のデータによると、都市部に住む猫のほとんどは、5ヘクタール未満の範囲内でしか移動していなかった。たいていの場合、危険を冒してまで遠くへ行こうとはせず、慣れ親しんだ市街地を離れようとはしなかったのだ。比較的遠くまで行った猫はたったの5パーセントであり、最も冒険心の強い猫は、47ヘクタールの範囲を探索していた。

オーストラリア南部では、これまで400匹を超える猫がトラッキングされている。31ヘクタールの範囲を移動した猫もいたが、平均ではたった1ヘクタールの範囲内だった。大部分の猫は、日中より夜間の移動距離のほうが長かった。移動範囲が10ヘクタールを超えた猫は、全体のわずか3パーセント。そして、オス猫のほうが、メス猫よりも移動していた。また、猫には停留性の猫と放浪性の猫（1ヘクタールの範囲を超えて移動した猫）の2つのタイプがいることも、判明した。放浪性の猫には、横断した道路の数、ケンカの回数、獲物といる機会が多く、そして、自宅で過ごす時間が短いという特徴がある。このタイプは、比較的若い猫に多くみられた。統計によると、放浪性の猫の家には、おもちゃや爪とぎ用の柱の数が少ない傾向があった。外で過ごす時間が長かったことには、こうした事情があったのだ。

豆知識

オーストラリアで調査したところ、猫が渡った道路の数は、平均で1日当たり5本弱だった。もちろん、一番多く道路を渡ったのは、探検が大好きな放浪性の猫たちだった。

あなたが参加できそうなキャット・トラッカー・プログラムが見つからなくても大丈夫だ。オンラインで利用されている既成のプラットフォーム用のGPSトラッカーが販売されている。これであなたの猫の動きを記録することができるのだ。サービスに申し込めば、リアルタイムで最新の情報を取得し、パソコンや携帯電話で猫を追跡することができる。また、猫の首輪に取りつけ、行動を録画できる小型カメラもある。こうした方法で、猫がいまどの辺りをさまよっているのかがわかるし、万一迷子になったとしても、もちろん居場所を特定できるのだ。

猫の性格診断テスト

あなたの猫は大胆だろうか？　それとも、臆病だろうか？　活発だろうか？　それとも、ものぐさだろうか？　衝動的だろうか？　それとも、思慮深いだろうか？　愛想はいいだろうか？　それとも、冷淡だろうか？　家の中の同じ場所でいつも寝ているだろうか？　夜は外出を好むだろうか？　それとも、家にいるほうが好きだろうか？　オーストラリアで実施されたキャット・トラッカーのプロジェクトでは、猫の動きを追跡する前に、猫に代わって飼い主にオンライン上で性格診断テストを受けてもらった。猫の性格次第で、外での行動が変わってくる可能性があると考えられたからだ。質問項目は、猫の家庭環境（寝具、おもちゃ、および爪とぎ用の柱の有無）はどうか、飼い主とどの程度ふれあっているか、外出はどのくらいしているか、獲物をとるか（もしとるなら、どんな種類の獲物か）、そして、性格についての質問である。

オーストラリアの研究チームは、3000匹弱の猫から得られた結果を分析した。飼い猫に関する統計では過去最大のものだ。その結果、猫の性格は、人間の性格と似ている点が多いとわかった。心理学では、人間の性格は5つの主な要素（神経質傾向、外向性、誠実性、協調性、開放性）からなっているとされる。キャット・トラッカーの結果から、猫の性格も同じように、5つの主な要素（神経質傾向、外向性、支配傾向、衝動性、協調性）から形成されていることがわかった。これは、「フィーライン・ファイブ」と名づけられた。研究結果をまとめたのが、以下の表だ。

要素	**特徴**	
	あまり当てはまらない	**よく当てはまる**
神経質傾向	**落ち着いている、相手を信頼** 環境にうまく適応している状態である	**心配性、臆病** 隠れる場所があるとよい。周りの環境にストレスを感じている可能性あり
外向性	**無関心、消極的** ここに当てはまる猫は少ない。老化や健康状態と関連している可能性あり	**好奇心旺盛、活動的** おもちゃや遊びの時間を増やすとよい
支配傾向	**従順、他の猫に友好的** 複数の猫がいる家庭にうまく適応しやすい	**加虐、他の猫へ攻撃的** 家庭の内外を問わず、周りに猫がいる環境で問題が起こる可能性あり
衝動性	**予測可能な行動** 環境によく適応し、変化のない生活を好むことが多い	**衝動的、不安定** 周囲のストレス要因に反応しやすい
協調性	**単独行動、短気** 孤独を好み、人慣れしていない可能性あり。この行動が普段は見られないものである場合、痛みや病気、ストレスを疑うこと	**親密、人に友好的** 他の猫や人間がいる状況にも、うまく適応しやすい

調査対象となった猫のなかには、屋内のみで生活していた猫（1度も外に出たことのない猫）もいた。研究者たちが興味を持ったのは、屋内育ちの猫と、外へ出ることを許された猫の、性格上の違いだった。すなわち、屋内で育てられることで猫の性格は変わってしまうのか、研究者たちは疑問を抱いたのだった。 興味深いことに、屋内育ちの猫と、自由に外をうろつくことが許されていた猫との間に、性格上の違いはなかった。たとえ猫を外へ出さなくても、猫に悪影響があるわけではないのだ。それどころか、屋内育ちの猫は、より人なつっこくなる傾向さえあった。

新しい行動を学ぶ

6章で見たように、猫は記憶と観察によって、新しい行動を学ぶことができる。あなたの愛猫は、あなたを観察することで新たな行動を身につけるのだ。たとえば、猫はあなたがドアを開くのを見て、自分でもそれをやってみるかもしれない。もっと想像力が豊かな猫なら、近くにある椅子などの物体に飛び乗り、前足を伸ばしてドアのレバーハンドルを押すことまでできるかもしれない。社会学者のレオナルド・トレローニー・ホブハウスが飼っていた猫は、ドアをノックする術を身につけていた。猫は体を伸ばしてドアノッカーを使おうとまではしなかったが、ドアマットをめくり上げては床に落とし、音を立てることでノックの代わりにしていたのだった。

猫は訓練をすることで、いろいろな種類の新しい行動を身につけることができる。新しく子猫が家にやってきたとき、ほとんどの飼い主が最初に教えるのは、トイレの使い方だ。たぶん、あなたも猫にさまざまな芸を教えこもうとしたことがあるだろう。名前を呼んだら来るようにしたり、おすわりをさせたり、おもちゃをとってこさせたり、きちんとおすわりをして食べ物のおねだりをするようしつけたり。ひょっとすると、ポールの間を縫うように走らせたり、フープをくぐらせたりといった、敏捷(びんしょう)な動きにもチャレンジしたかもしれない。猫にハイタッチをさせるのがお気に入りの人もいれば、寝転がって死んだふりをするよう教える人もいる。そして、トレーニングを積み重ねた結果、ピアノを弾けるようになった猫や、人間のトイレを使えるようになった猫までいるのだ。

豆知識

高性能な視線追跡技術を駆使することで、猫と人間との関係について理解が深まるかもしれない。この技術は、最初は幼い子どもの、次いで犬の発達について調べるために導入されたものだが、指示を与えられた猫がどのように人に視線を送っているかを確かめる手段として、大きな可能性を秘めている。

クリッカートレーニング

クリッカートレーニングは、正の強化(行動後に刺激が与えられることで、その行動の頻度が増えること)を通して訓練する方法だ。この方法を使うと、猫の行動上の問題を修正することができる。クリッカーは、金属製のタブが入った小さなプラスチック製の箱で、タブかボタンを押すとカチッと大きな音がする。ポイントは、猫がクリック音を聞いたらすぐにごほうび(通常はおやつ)をあげるようにすることだ。猫があなたの希望する行動をしたときにクリッカーを鳴らし、おやつを出すことで猫の反応を強化するのだ。

手はじめに、クリック音を聞いてごほうびをもらうという仕組みに、猫を慣れさせるところからスタートしよう。練習に最適な時間帯は、普段の食事時間の直前だ。この時間なら、猫は空腹なので、食べ物でやる気になってくれるだろう。まず、食べ物を片手でひとつかみとって、猫と一緒に座る。食べ物を1粒とり、猫の前に投げてすぐにクリッカーを鳴らす。猫に食べ物をとらせ、食べさせてから、もう1度同じことを繰り返す。これを数日間に数回やってみてほしい。かしこい猫なら、すぐにこの仕組みを飲み込み、クリック音とごほうびの関連性に気づくだろう。ただし、一言もしゃべってはいけない。クリック音はクリアな信号でなければならないからだ。これで、いよいよメインのトレーニングに進むことができる。

簡単なエクササイズとして、指示を聞いたらおすわりをするよう教えてみよう(右図参照)。立っている猫に見えるようにおやつを手に持って、ゆっくりと手を猫の頭の上に移動させ、同時に「おすわり」と言う。猫がおやつを追って頭を後ろに動かすと、自然に体の後ろ半分が下がり、座った状態になる。座ったらすぐにクリッカーを鳴らし、おやつを与える。何回か繰り返すと、猫はごほうびのあるなしにかかわらず、指示を聞いて座るようになる。

ターゲットスティックを使ってみよう

猫の意識を1点に集中させるため、訓練中にターゲットスティックを使う人もいる。ターゲットスティックはシンプルなものでよい。たとえば、ホームセンターで売っている短い竹の棒の先に、ピンポン玉を取りつけてつくることもできる。猫がターゲットを見て、それに触れるように訓練していこう。まず、猫にターゲットスティックを近づけ、頭の前でゆっくりと移動させる。前足をターゲットに向かって少しでも動かしたら、ごほうびを与える。最初はこうしてシンプルに始め、だんだんと猫に行動を教えこんでいく。猫をくるりと回転させるには、ターゲットスティックを猫の前で動かして、まずは頭、次に体がターゲットスティックを追いかけるように誘導しよう。こうして、360度回転するところまで持っていくのだ。

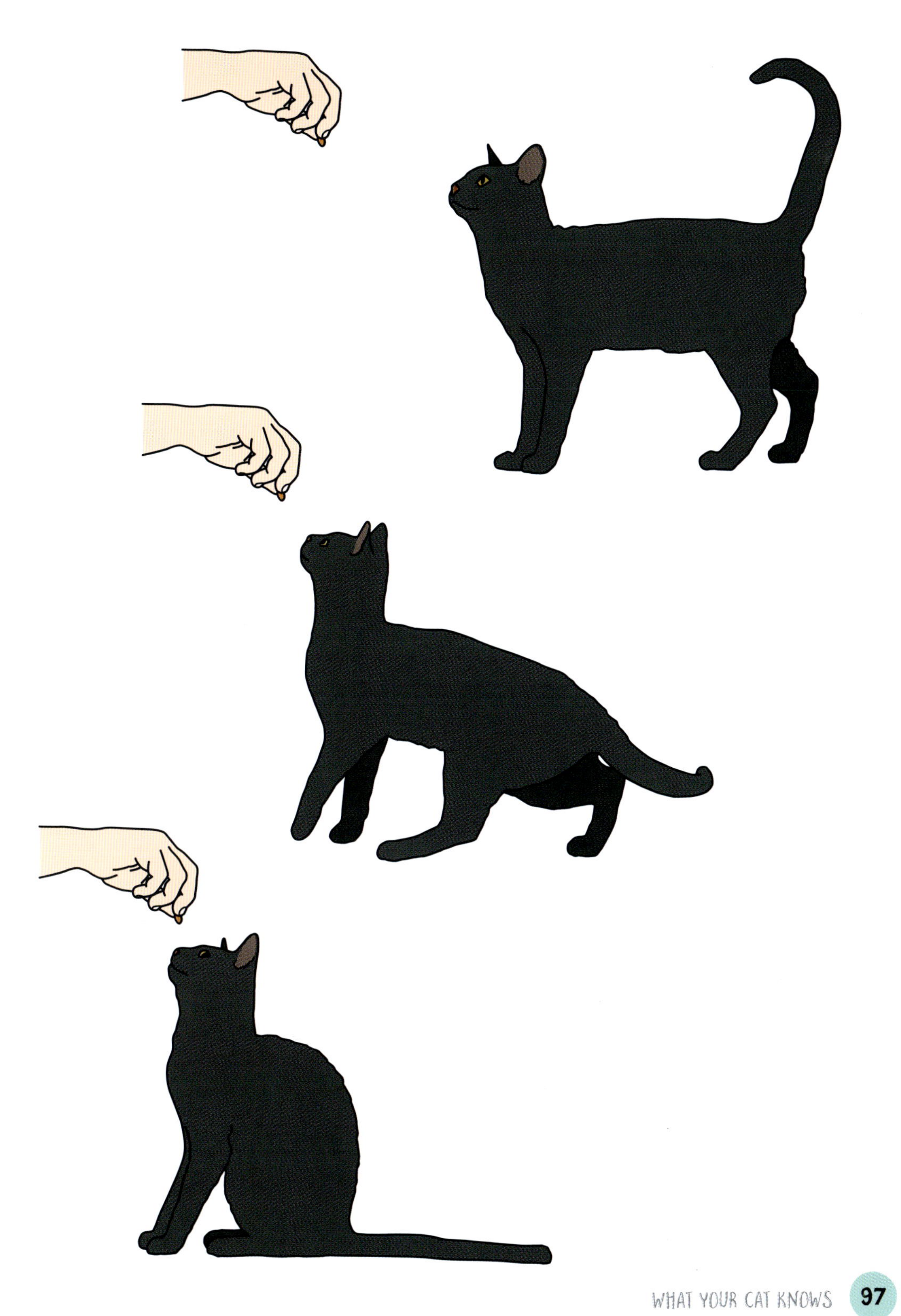

人間用トイレの使い方を教えてみよう

猫が人間のトイレを使うのをはじめて見たときには、ひどく感動したものだ。猫用トイレはもう古い！　というわけで、猫用トイレではなく人間のトイレを使うように、猫を訓練していってみよう。以下が、その手順だ。

1. 使わせたいトイレを決める。猫がいつでも通れるように、ドアは閉めないでおく。
2. 人間用トイレの室内に猫用トイレを移動し、猫用トイレがそこにある状況に慣れさせる。トイレに流せる猫砂を使っていなければ、流せるものに切り替えよう。
3. 新聞を積み重ねた上に猫用トイレをのせ、トイレの高さを徐々に上げていくところから訓練をスタートする。新聞紙は、使わせたい便器の横に重ねていく。
4. 猫用トイレが十分な高さに達したら、人間用トイレの閉じたふたの上に、猫用トイレを移動させる。
5. 猫がふたの上の猫用トイレを問題なく使うようになったら、猫用トイレのトレーを薄い金属性のものに換える。このトレーは、猫の重量を支えられるくらいの強度があり、かつ穴が開けられるほど薄いものでなくてはならない（ステップ7参照）。普段通り、猫砂をここに注ぐ。
6. トイレのふたを開け、便座を上げてトレーを便器の中にセットし、動かないように固定して便座を下げる。使用する猫砂の量を減らしていく。
7. 中央に穴を開け、毎日少しずつ大きく広げていく。最終的には、金属トレーを完全に取りはずせるぐらいまで、穴を大きくする。こうして、猫は便器だけで用を足せるようになる。ふたを閉めないように注意！

トイレの使用に慣れさせるには時間がかかる。各段階に数日かかることもあるので、忍耐が必要だ。その次のステップは、猫がトイレを流せるようにトレーニングすることだ——今度は、自分で工夫してやってみよう。

水が好きな猫

猫の毛には防水性がなく、保温性も低い。そのため、水を嫌う猫が多いが、中には水泳や水遊びを楽しむ猫種もいる。その筆頭が、ターキッシュバンだ。その厚手の毛皮は撥水性があり、独特な質感をもっている。メインクーンも同じく水に強く、比較的長い毛を持つので、氷のように冷たい水にも耐えることができる。この猫種は、船上で害獣駆除をおこなってきた歴史があるため、水中や水辺で暮らしていたことで、水に適応したのだろう。ところで、もし猫の訓練がお好きなら、ベンガルを選ぶとよいかもしれない。ベンガルは非常に泳ぎが上手で、水中のおもちゃをとるようにトレーニングすることもできるのだ。

猫劇場

モスクワには猫の劇場がある。ユーリー・ククラチョフが家族とともに運営しており、120匹以上の猫が人間と並んでパフォーマンスを披露する。猫劇場では「くるみ割り人形」や「宇宙から来た猫」など、数々のショーが上演されている。ユーリー・ククラチョフいわく「猫の訓練は不可能」だそうだが、それでも猫たちは、逆立ちや綱渡りをやってのけ、ポールをのぼり、おもちゃの列車を運転するほか、さまざまな芸を見せてくれる。ただ、ほとんどの猫と同様に、猫劇場の猫たちも気分が乗ったときにしかパフォーマンスをしてくれない。だから、猫のパフォーマンスにはかなりのばらつきがある。猫が演技を拒否してどこかへ行ってしまったり、予定とはまったく違うことをやり始めたりするのも、珍しいことではない。ユーリーによると、成功の鍵は、猫を観察してその猫にとっての自然なふるまいを確かめ、その自然なふるまいが組み込まれた芸を開発することだそうだ。

豆知識

日本では、猫には死後、霊へと変わる力があるとされている。猫の体は高僧の魂が一時的に休む場所であるという、仏教の考え方が根底にあるのかもしれない。

猫の感情

猫にはどんな感情があるのだろう？　この質問に答えることは難しい。猫の頭の中に入るわけにはいかないからだ。また、猫が五感を使って感じ取っている世界は、人間の世界とはまるで違うということを思い出してほしい。だから、猫たちの感じている気持ちの中には、私たちが経験できず、想像すらつかない感情もあるだろう。それでも、あらゆる哺乳類が共通して経験する、6つの基本的な感情があることは確認できる。猫が食べ物を見つけたり、遊んだり、子育てしたり、恐怖や怒りを感じたり、さらには社会的行動をとったりするとき、この6つの感情がかかわってくる。こうした感情は、思考プロセスを介さないもので、遺伝的に決定された自動的な反応だ。そして、生存とは切っても切れない関係にある。

恐怖：原始的な反応で、生存のためには不可欠な感情。恐怖感があるおかげで、体は逃走、もしくは闘争に向けた準備ができる。感覚をとぎすまして状況を判断し、危険を認識するのだ。恐怖を感じると、猫は逃げたり、息をひそめてじっとしたり、身を隠したりする。

嫌悪：人間が嫌悪感を覚える対象はさまざまだ。不快な、もしくは不衛生な様子を見ると、人はその状況から距離を置く。猫が食べ物を嫌がったりするのも、腐ったものや有害なものを口にしないための仕組みかもしれない。

幸福：幸福感をもたらしているのは、脳内で放出される快楽物質だ。猫の場合、単純に遊びや狩りをすることで幸福感が生まれ、満足する。

性欲：交尾を求める衝動のこと。オス猫はこの衝動に突き動かされ、発情したメス猫を探して路上をさまよう。メス猫が家を抜け出して交尾の相手を見つけるのも、同じように性欲があるためだ。

悲しみ：仲の良かった仲間の死に直面すると、猫は悲しみを抱く。

怒り：困難な状況に反応して怒りの感情がわくと、ホルモンなどの化学物質が放出され、身体が戦闘態勢に入る。動物病院に連れていかれ、意に沿わない扱いを受けたりすると、烈火のごとく怒り狂う猫もいる。

豆知識

行動に問題を抱えた猫は、極端な感情を見せるときがある。極度に臆病な猫であれば、他者への攻撃や過度な毛づくろいといった行動をとることがある。

これ以外にも、大脳皮質が関与した、より高次の感情というものがある。たとえば、多幸感。これは、裏庭でキャットニップを見つけたときの猫を見れば、一目瞭然だ。それから、実に複雑な感情として、ストレスが挙げられる。ストレスは体内の免疫系に悪影響を与え、病気を引き起こす原因にもなる。さらに、感情や心の動揺を外に出せないと、フラストレーションがたまることになる(裏庭に舞い降りた鳥を、屋内からガラス越しに見つめる猫の気分を想像してみてほしい)。フラストレーションは、歯をカチカチと言わせるしぐさに表れることも多い。夜に外で狩りをさせてもらえない猫にもフラストレーションがたまってしまうことがあり、ひっかくなどの、周りを攻撃する行動を家の中で起こしかねない。

猫は、人の気持ちを感じ取ることもできる。アメリカのモライア・ガルヴァンとジェニファー・ヴォンクが研究をおこなったところ、飼い主が笑顔でいるか、それともしかめ面でいるかによって、猫の行動に変化が見られた。飼い主がほほ笑んでいた場合、猫はのどを鳴らしたり飼い主の膝の上でとびはねたりと、人間との距離を縮めようとする傾向が観察された。逆に、飼い主が顔をしかめているときには、猫は飼い主とあまりふれあおうとはしなくなったのだ。飼い主以外の初対面の人間で同じ実験をしたところ、ほほ笑んでいる場合と顔をしかめている場合とで、猫の態度に違いは見られなかった。つまり、猫は飼い主の表情に応じた反応を、学習によって身につけていたのだ。なにしろ、飼い主の表情次第で、ごほうびがもらえるか、もらえないかが変わってくるのだから。猫が飼い主の顔をうかがうようになるというのは、本当の話だったのだ。

心の理論

「心の理論」とは、他者が考えていることを知る能力である。たとえば、人間が何かを指さすと、犬はジェスチャーを見てその意図を理解してくれることが多い。人間に注意を向ければ知識が得られることを、犬は学習してわかっているのだ。これを実証したのが、アメリカのブライアン・ヘア教授である。実験の結果、犬は教授が食べ物やおもちゃの隠し場所を知っているということを学習した。そして、教授が何かを指さしているときには、探すべき場所を伝える意図があるのだというところまで学習したのだ。

猫を対象に同じ指さし実験をおこなったのが、ハンガリーの動物学者、アダム・ミクロシだ。この指さし実験の結果、猫にも犬と同じように基本的な心の理論がある可能性が示された。しかし、次にミクロシがおこなった実験では、猫と犬との間にかなりの違いがあることがわかった。ここでミクロシが用意したのは、「解決が可能な課題」と「解決が不可能な課題」の2つだ。「解決が可能な課題」とは、スツールの下に置いたボウルの中から、食べ物を手に入れるというものだった。猫と犬は、まずボウルを探し出し、それをスツールの下からひっぱりださねばならない。この課題は、猫も犬もうまくクリアすることができた。次に、ミクロシは「解決が不可能な課題」を猫と犬に与えた。ここでも、同じように食べ物入りのボウルがスツールの下に置かれていたが、今度はスツールの脚にボウルが縛り付けてあった。つまり、ボウルをひっぱりだして食べ物を得ることはできないようになっていたのだ。犬は果敢にボウルを引き出そうとチャレンジし、それからあきらめた。一方猫は、犬よりずっと固い意志を持ってボウルにアタックし、簡単にあきらめてしまうことはなかった。その上、指示をもらおうと人間のほうに視線を送ることもなかったのだ。

他者の感情

「心の理論」には、他者の感情を読み取れる能力という側面もある。犬を飼う人々は、愛犬が自分の気持ちをわかってくれると言う。飼い主が悲しんでいるときには、それを察知して慰めてくれると言うのだ。ブライアン・ヘアら行動学者たちの研究を見る限り、犬には自意識もあれば他者の気持ちの認識もあり、「心の理論」があるということになりそうだ。では、猫についてはどうだろう？　猫は、犬よりもはるかに独立心が強い。人間の心の声を聞いてくれるかもしれないし、聞いてくれないかもしれない。たいていは、そのときの気分次第なのだ。

不安な猫

猫は、驚くほど不安を感じやすい動物だ。特に都市部に住む猫は、以前考えられていたよりもストレスを感じていることが現在ではわかっている。おそらく、都市部になるほど、路上にたくさんの猫が距離を置かずに住んでいて、猫どうしの遭遇が多く、神経質な猫には余計ストレスになっているのだろう。中には、他の猫のすみかへ押し入り、食べ物を奪って食べる無遠慮な猫もいる。そして、そこに住んでいる猫は、たいていいじめられることになる。これも、猫のストレスの一因だ。ウマの合わない猫どうしですみかを共有している場合にも、ストレスは極めてよく起こっている。

猫のストレスは、さまざまな形で表に現れる。過度な毛づくろい、室内でのスプレー行為、トイレ外での排便、過剰な鳴き声や他者への攻撃といった症状だ。また、心理的要素で発症する病気、たとえば皮膚のトラブルや泌尿器感染症などにかかることもある。ストレスには原因があるので、問題を解決するには、猫の不安感の原因を知ることが必要だ。考えられるのは、家庭環境の変化、人間の赤ちゃんの誕生、新しい猫が家庭にやってきたこと、そして近所の猫からのいじめなどだろう。それまでの決まった日常に変化が起きたせいかもしれないし、退屈すらストレスの原因となりうるのだ。

豆知識

猫が自分の口元をなめるしぐさは、ストレスを感じているサインかもしれない。

分離不安

犬は分離不安（愛着のある人物が去ってしまったとき、または去ってしまう恐れのあるときに不安を感じること）になるが、猫はどうだろう？　猫は独立心の強い動物であり、人間がいようがいまいがおかまいなしだろうというのが、よく持たれているイメージだ。一方で、飼い猫が分離不安だと言う人もいる。家を出ようとすると、猫が困った行動をとるというのだ。たとえば、変な場所（特に、飼い主のにおいがついた寝具の上）で排泄行為をしたり、ひどく大声で鳴いたり、周りのものを破壊したり、執拗に毛づくろいをしたりといった行動が見られるという。これは、分離不安なのだろうか？　それとも、単なるフラストレーションなのだろうか？

飼い主がいないと安心できない猫も存在するという研究結果が、かつては出たこともある。そうした猫は、飼い主がいなくなると分離不安になるとされていた。ところが、分離不安のように見える行動は、実はフラストレーションの表れにすぎないかもしれないという研究結果が、最近になって発表されているのだ。リンカーン大学の研究チームは、計20匹の猫を1匹ずつ慣れない環境下に置き、飼い主を同伴させた場合、初対面の人を同伴させた場合、猫1匹のみにした場合の反応をそれぞれ観察した。猫が飼い主や初対面の人とふれあおうとするか、1匹のみにされたときに苦痛を感じている様子があるかどうかなどを調べたのだ。実験の結果、飼い主が離れると猫の鳴き声が少しうるさくなることがわかったものの、それ以外に飼い主への愛着を示すような証拠は見当たらなかった。鳴き声さえも、単なるフラストレーションか、飼い主がいなくなったときに鳴くという学習行動だった可能性が高い。

豆知識

「好奇心が猫を殺した（Curiosity killed the cat.）」という詮索好きな人間をいさめる古いことわざがあるが、あれには少し違和感がある。実は、このフレーズのもとの形は「不安が猫を殺した（Care killed the cat.）」というもので、猫の不安を感じやすい性格を表したものだった。事実、猫がストレスで死ぬ可能性はあるのだ。

CHAPTER 8: TUNING INTO YOUR CAT
猫の気持ちを読み取ってみよう

猫は、人間や他の猫たちと、いろんな鳴き声でコミュニケーションをとる。だが、猫は鳴き声だけで感情を表現しているわけではない。単独で過ごすことが多い動物である猫は、視覚的なメッセージを伝える必要がまったくなかった。だから、猫の表情には比較的動きがない。しかし、猫の感情はわずかな身体の動きから読み取ることができるのだ。

このしぐさはどんな意味？

しっぽを立てているのが、よろこんでいるサイン、耳を寝かせているのが、「放っておいて」のサインであると読み取れるだろうか？　あおむけになって転がり、おなかを見せている猫を見たら、くすぐってほしいのだと思うかもしれない。実のところ、これは猫が 1 番やってほしくないことだ。2013 年、イギリスの動物保護団体「キャッツ・プロテクション」が 1100 人を超える猫の飼い主を対象におこなった調査によれば、驚くほど多くの飼い主が、猫の行動を正しく理解していないことがわかった。飼い主の 3 分の 2 は、猫がゴロゴロとのどを鳴らしているときはいつでも幸せなのだと考えていたし、3 人に 1 人は、ゆっくりまばたきをしているときの猫が落ち着いて満足しているということを知らなかったのだ。

豆知識

人間には、猫と同じ範囲の音を聞くことはできない。猫のほうが、聴覚がはるかに優れているからだ。猫が口を開け、人間には聞こえないほどの高い声で鳴く「サイレントニャー」というものまである。「サイレントニャー」には、どういう意味があるのだろうか？　はっきりとしたことはわからないが、飼い主に対して愛情を持っているしるしだと考える専門家もいる。

鳴き声の言語

あなたの猫は、何種類の鳴き声を出すことができるだろうか？　人間に識別できるのは、おそらくほんのわずかだろう。だが、猫は100種類もの鳴き声を出すことができ、そのそれぞれに特別な意味があるのだ。猫は発声の仕方も頻繁に変えていて、これが鳴き声の意味に影響を与えていると考えられる。ただ、この辺りのことについては、まだまだ研究の余地がある。

子猫のうちは、ボキャブラリーが比較的限られている。生まれてから数日以内にゴロゴロとのどを鳴らし始め、続いてあいさつに使う「ニャ」、それから「ニャー」と鳴き始める。年齢を重ねるにつれ、鳴き声のレパートリーはうんと豊かになっていく。猫は、飼い主がコミュニケーションをとろうとしていることにすぐ気がつき、応えてくれる。1人の飼い主と長い間いる猫ほど、コミュニケーションのやり方が複雑になっていくことがわかっているが、あなたの猫の場合はどうだろう？

猫語のリスト

昔から、猫の言葉の意味は研究者たちの興味の的だ。1944年、アメリカの心理学者で愛猫家でもあったミルドレッド・モエルクは、猫どうしのやり取り、および猫と人とのやり取りで使われた16種類の音のパターンを調べ、完全なリストをつくりあげた。リストには「シャーという鳴き声」「金切り声」「ゴロゴロとのどを鳴らす音」「ふるえ声」などが挙げられている。さらに、「ニャー」という鳴き声を6種類に分け、それぞれ「親しみ」「自信」「怒り」「恐怖」「痛み」「いらだち」の感情を表すとした。また、猫がケンカや交尾をしている最中に聞こえた、別の8つの鳴き声についても触れている。

おしゃべりな猫

中には、特におしゃべりな猫種もいる。とりわけ、バーミーズやシャム猫といった、東洋生まれの猫種はおしゃべりだ。シャム猫は声域が比較的広く、鳴き声のバリエーションも豊富であることがわかっている。バーミーズの声域はどちらかと言えばせまいため、その分鳴き声の長さと音量に変化を持たせる傾向がある。逆に、ブリティッシュショートヘアは生来ずっともの静かな性格で、たまに出す鳴き声にはムダがなく、簡潔だ。

猫は何と言っているのだろうか？

アオーン：発情期のメスがオスを呼ぶときの悲しげな鳴き声。

カカカッ、カチカチ：歯をカタカタいわせること。通常、（裏庭のリスなど）何かわくわくするものを見つけたものの、それが手に入らないときに出る音だ。高い鳴き声やきしみ音も出るかもしれない。猫は興奮し、おそらくはフラストレーションがたまっている。

ナーオ、キャーオ：母猫が子猫の注意を引くために出す。または、大人の猫があなたの注意を引くときや興奮しているときに出すかもしれない。また、あいさつとして使用することもできる。

ウー：高めのうなり声で、最後は遠吠えのようになる。怖がっているか、怒っている猫によって使われる。なわばりを守るための鳴き声でもあり、通常は防御的な姿勢をともなう。

シャーッ：人間や猫や犬などに対し、下がれと明確に威嚇、警告するときに使う音。猫自身がおびえていることを示す音だ。たいてい、毛を逆立て、背中を丸めた防御の姿勢とともに使われる。

ニャー、ニャーン：人とやり取りするときに猫が使用する鳴き声だが、他の猫との間では決して使わない。短い「ニャー」から長い「ニャーン」に至るまで、さまざまな種類がある。

ゴロゴロ、グルグル：のどから出るやわらかい音。

ギャアアア：これは、交尾中のメス猫の鳴き声。ほかの猫とケンカしているときにも出ることがある。

ウォーン：嘆くような長い鳴き声。不安があるときに、別の猫に対して使う。交尾の相手を引き寄せたり、別の猫を離れさせたりするときや、体調が悪いときにも出す声。

ニャー!

ニャーという鳴き声は、空腹のサインであることが多い。ただ、「ニャー」の種類は、実は1つだけではない。

野生の猫も、ニャーという鳴き声を出す。ただし、鳴くのは子猫の間だけだ。これは、母親の注意を引きつけようと、子猫が呼んでいる声なのだ。彼らが巣を離れ、自立した猫になると、もう二度とこの鳴き声を出すことはない。だが、ペットの猫は違う。大人になってもずっとニャーと鳴き続ける。こうやって鳴けば、飼い主にかまってもらえるとわかっているからだ。

「ニャー」という鳴き声には、標準的といえるような鳴き方がない。それどころか、これまでに少なくとも19通りの鳴き方が発見されており、ピッチ、音量、音色、さらには発音まで、それらの間で違いがあるのだ。猫がニャーと鳴く目的は、食べ物を要求するためであったり、外へ出してもらうためだったり、一緒にいてもらうためだったりする。おさえめに短くニャーと鳴くことで注意を引く猫もいれば、質問しているかのように上昇調のイントネーションで鳴く猫もいる。まるで「食べ物もらえるかな?」と言っているかのようだ。猫の「ニャー」にはまだまだ種類がある。低い声でニャーと言い、それからゴロゴロのどを鳴らしたなら、痛みやストレス、恐怖を感じているということだ。一方、もっと長い「ニャーン」はいらだちや心配を表していることが多く、ひっきりなしにニャーニャーと鳴いているなら、痛みを抱えている可能性がある。

豆知識

ペットになった猫は、生涯にわたって飼い主に「ニャー」と鳴き続ける。ところが、野生の場合、「ニャー」と鳴くのは子どものときだけだ。野生では、子どもが何かをねだるときに使う鳴き方なのだ。成熟して独り立ちするにつれ、「ニャー」の代わりに別の鳴き声を使うようになっていく。

猫の声を聴こう

猫の声を聴いてみよう。幸せ、悲しみ、不安、いらだちなどの気持ちに合わせて、ニャーという鳴き声はどのように変化するだろうか？　あなたが声色を変えたら、猫の反応は変わるだろうか？　大人に対するような話しかけられ方を好むだろうか？　それとも、赤ちゃんに話しかけるときのような声が好みだろうか？

猫も人も、相手に親しみを感じていると声のトーンが少し上がる。たとえば、友好的であることを示すために、猫は高い声で鳴く。また、私たちがイライラしたり怒ったりするときに低い声で話すように、猫なら低音でうなる。何かを強調したいときには、猫も人間も大きな声をあげる。

豆知識

猫のなかには、飼い主が自分のボディランゲージをうまく読み取ってくれていることに気がつき、あまりしゃべらなくなる猫もいる。声を出す必要がそこまでないからだ。

猫にも訛(なま)りはある？

2016年から、猫の方言を調査する、新たな5カ年プロジェクトが進行中だ。このプロジェクトでは、スウェーデンのルンド大学を拠点に活動するスサン・ショッツの研究チームが、スウェーデン国内の2つの地域（首都ストックホルムと南部の都市ルンド）の猫の鳴き声を比較している。この両地域では人間の話す方言が異なっており、猫も飼い主の使う言葉や方言に影響を受けるのかどうかを確かめているのだ。研究チームが調査対象にしているのは、50匹にも及ぶ猫たち。猫が最もリラックスできる自宅の中で、気分が鳴き声に与える影響を調べている。幸せなとき、満足しているとき、空腹のとき、いらだっているとき、猫はニャーと鳴くのだろうか？　ストックホルムの「ニャー」という鳴き声は、南のほうに暮らしている猫の鳴き声と同じようなひびきなのだろうか？　スサン・ショッツが説明するように、猫は音調やイントネーションを変えて「ニャー」と鳴くことにより、メッセージを伝えたり、感情を表現したりする。研究チームは、猫が「赤ちゃんの言葉」と「大人の言葉」のどちらに反応しやすいのかも調べていく予定だ。この研究結果を生かすことで、猫の鳴き声が持つ意味も解釈しやすくなるだろうし、飼い主とペットのやり取りもスムーズになっていくだろう。

豆知識

メインクーンは、さまざまな高い声とふるえ声を出す。イントネーションはたいてい上昇調で、鳴き声の終わりにかけてピッチが上がっていく。人間も質問をするときに上昇調のイントネーションを使うのが一般的であるため、メインクーンは「質問するように話す」と言われている。

ゴロゴロのどを鳴らす意味

猫がゴロゴロとのどを鳴らす音を、あなたはどう解釈しているだろうか？

だいたいの飼い主は「満足していて幸せってことさ」と言うだろう。ところが、ジョージア大学のシャロン・クローウェル＝デービス博士の考えは違う。博士が2015年におこなった研究からわかったのは、飼い主が猫のしぐさをしばしば誤解しているということだった。たとえば、猫に病気や痛みがあったり、飼い主に一緒にいてほしいと思ったりしているときにも、同じくらい「ゴロゴロ音」が使用される可能性が高いと判明したのだ。ゴロゴロ音には「どこにも行かないで」という意味もあるというのが、クローウェル＝デービス博士の考えだ。

ゴロゴロ音は低い音で、ボリュームは簡単に変えられる。猫が人間の膝の上にいるときは、ほとんど聞こえない非常に静かなゴロゴロ音を出していることが多い。そして、猫をなでると、ゴロゴロ音はどんどん大きくなっていく。こうなると当然、あなたは猫が幸せなのだと解釈するわけだ。また、ストレスや不安を感じている猫も、ゴロゴロ音を出すことがある。たとえば、猫が慣れない環境にいる場合や、新しい猫が家に入ってきたときなどには、リズムの速いゴロゴロ音が聞こえることもある。さらに、猫はゴロゴロ音を出し続けることで、痛みをうったえていることもある。こうしたゴロゴロ音を出すことで、脳からエンドルフィン（脳内で働く神経伝達物質で、鎮痛作用がある）が放出され、ヒーリング効果が生じるのだと考えられている。

戦略的なゴロゴロ音

猫はなかなか油断ならない動物で、自分の飼い主に何かをさせるために特別なゴロゴロ音を出すことも多い。イギリスの心理学者、カレン・マコームの飼い猫ペポは、しつこくゴロゴロ音を出し続けることで、朝に飼い主を起こすテクニックを持っていた。カレンは、他の飼い主たちも同じようなことを経験したことがあるのだろうかと疑問に思い、さまざまなタイプのゴロゴロ音に対する人々の反応を調べた。その結果、甲高い叫び声かニャーという鳴き声がゴロゴロ音に混じっているかどうかが重要であると判明した。食べ物を探している猫は高いゴロゴロ音を出しており、よりうるさく叫び声に近いものだった。しばしば、猫は高い「ニャー」という鳴き声をゴロゴロ音に含ませ、緊急であることを感じさせるひびきをつくりだし、人間に反応してもらえる可能性を高めていたのだ。これは「要求のゴロゴロ音」と呼ばれるもので、猫と飼い主が1対1で暮らす家庭で使われることがわかった。逆に、人の出入りが頻繁にある家庭や、猫の多頭飼いをしている家庭では、「要求のゴロゴロ音」が使われることはずっと少なかった。

人の声を聞き分ける

猫は人間の声を聞き分けられるのだろうか？　2013年、日本人研究者の齋藤慈子と篠塚一貴は、猫が飼い主の声と他人の声を区別できるかどうか実験した。猫が会ったことのない、飼い主と同じ性別、年齢の人物を4人選び、飼い主と同じように猫の名前を呼んでもらって、その声を録音した。録音したものを飼い主の呼ぶ声と共に猫に聞かせ、猫の反応（わずかな耳の動き、頭の動き、瞳孔の広がり、しっぽの動き、鳴き声など）を注意深く観察した。その結果、猫も人の声を区別できることがわかった。飼い主の呼ぶ声を聞いたときの反応が、ほかと比べて大きかったのだ。1番よく見られた反応は、わずかな耳の動きと、頭の動きだった。猫のなかには、しっぽをパタッパタッと動かしたり、鳴き声を出したりして反応するものもいた。

身体の出すシグナル

鳴き声は、猫がおこなうコミュニケーションの一面にすぎない。人間など多くの動物と同様に猫も、コミュニケーションをとるときには身体を使うのだ。鳴き声を使ったコミュニケーションは、ボディランゲージと切っても切れない関係にあるため、見逃がしてはいけないサインがたくさんある。あなたが猫をなでるためにかがんだとき、猫が背中をアーチ状に丸め、ニャーと鳴けば、猫はあなたとのふれあいを楽しんでいるということだ。ところが、猫がニャーと鳴いて体を引っこめたとすれば、逆にふれあいはもうたくさんだということかもしれない。この2つのしぐさを一緒くたにしてしまわないよう、十分に注意しよう。

豆知識

帰宅したあなたの足に猫が体をこすりつけてきたとしても、何かを欲しがっているというわけではない。これは、単に猫流の「ハグ」をしているだけなのだ。このしぐさは、ヤマネコの群れのなかでも見られる。仲間の猫が戻ってくると、ほかの猫は駆け寄っていき、頭をこすりあわせ、しっぽをお互いに巻きつける。これはあいさつであると同時に、群れのなかでの自分のにおいを強めているのだ。

身体は語る

まずは、道ばたで猫に出会ったとき、猫が送ってくるかもしれないさまざまなシグナルと、その意味を見ていこう。

フレンドリー＆リラックスモード：しっぽを上に向け、耳をピンと立てて前に向け、あなたに近づいてくる猫。表情は堂々としている。おそらく、あなたのにおいをたっぷりと嗅いでくるだろう。頭と背中をなでさせてもらえるかもしれない。あなたの足の辺りに頭と体をこすりつけ、自分のにおいをまんべんなくすりこんでくるはずだ。

ハイパーリラックスモード：あおむけに寝転がり、おなかを見せている猫。おなかは、猫の体で1番の弱点だ。だから、猫に不安がなく、リラックスしていて、あなたのことを信頼しているときにだけ見せてくれる。けれども、これは「おなかをくすぐって！」と言っているのではない。くすぐろうとすれば、猫は転がったまま逃げたり、あなたの手を引っかいてきたりするかもしれない。

ドキドキモード：身をかがめて、しっぽを身体の下にしまっているか、身体にぴったりとくっつけている猫。緊張した表情で、あちらこちらをキョロキョロと見ている。この状態の猫に近づいてはいけない。逃げ道をふさいでしまわないようにスペースをつくり、逃げて隠れられるようにしてあげよう。

ビクビクモード：アーチ状に背中を丸め、自分をうんと大きく見せようと、毛を逆立てている猫。瞳が広がっているため目は黒っぽく見え、耳は頭にぴったりとついている。あなたが近づくと、シャーッと威嚇したり、フゥーとうなり声をあげたりするかもしれない。これは、猫が危険を感じておびえているという、明白なメッセージだ。近づいてはいけない。放っておき、猫に逃げ場を与えてあげよう。

しっぽも語る

猫のしっぽは表情豊かだ。とても繊細で複雑な動きを見せ、情報をたくさん伝えてくれる。注意してみてみよう。

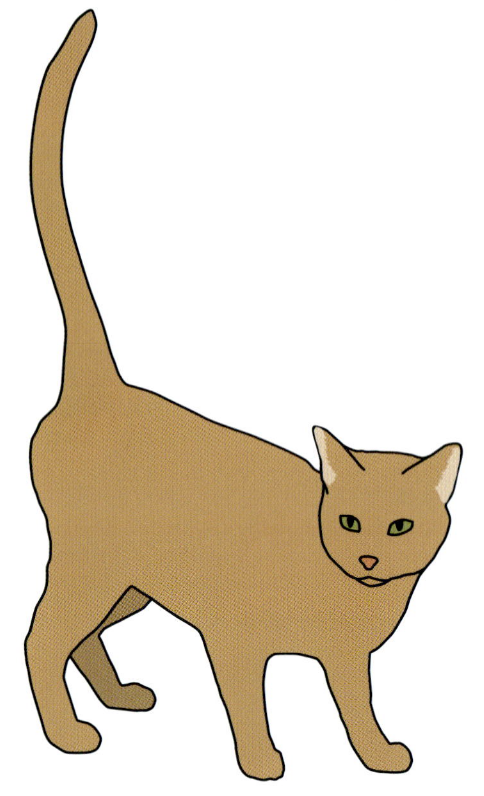

上向きで垂直なしっぽ

これは親しみをこめたあいさつで、猫が不安を感じていない証拠だ。しっぽが直立して少し揺れている場合、あなたに会えて特別よろこんでいるということだ。食べ物を欲しがっているときにも、しっぽはこの向きになるかもしれない。母猫は、こうやってしっぽを上げることで、子猫がついてくるようにする。

巻きつくしっぽ

しっぽをあなたの脚や腕の周りに巻きつけてくるのは、めいっぱいの愛情表現だ。

ピクッと動くしっぽ

猫のしっぽの先がわずかに動いたら、何かを考えているというサインだ。ただし、この動きが素早く、繰り返し起こるなら、猫は不安や動揺を感じている。特に、しっぽが伸びて低い位置にあるときは要注意だ。この動きをひっきりなしにしているときは、猫は用心深くなっているということだ。

クエスチョンマーク型しっぽ

このような猫は何かに興味を抱いているが、少し不安である可能性もある。

たたきつけるしっぽ

いらだち、フラストレーションがたまっている。

左右に振れるしっぽ

しっぽを振ることで、いろいろなメッセージを伝えている。窓の外に鳥を見つけたりして、とても興奮しているのかもしれないし、毛づくろいをやってもらっているときのように、何かを楽しんでいるのかもしれない。遊びたい気分のときにもしっぽを振るため、次の瞬間あなたに飛びついてくるかもしれないが、攻撃的なものではない。

足の間のしっぽ

おびえているか、服従の意思を表していて、自分を放っておいてほしいと思っている。

まっすぐで下向きのしっぽ

攻撃的になっている可能性あり。要注意。

毛が逆立って太く見える、
上向きのしっぽ

防御または怒りのスタンスを表すポーズ。おびえて攻撃しようとしている猫も、このポーズをとることがある。

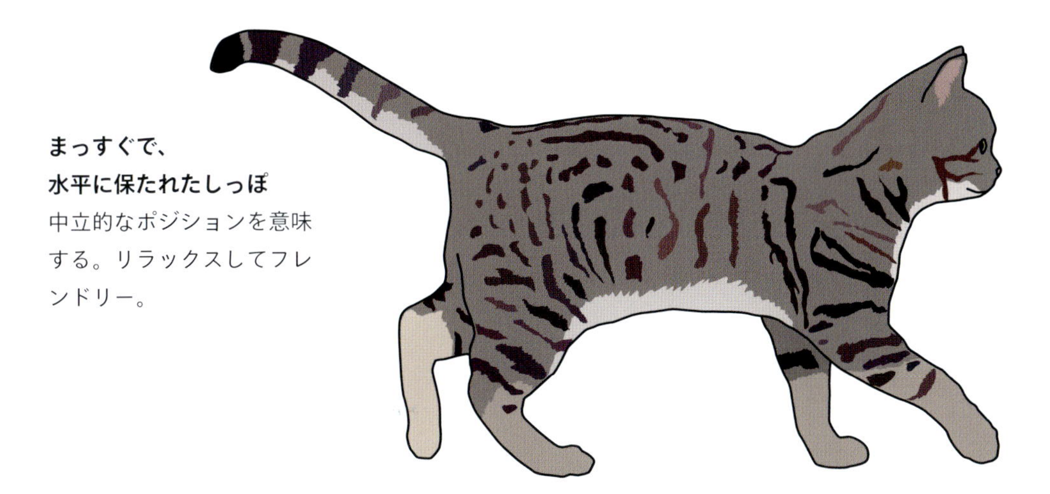

まっすぐで、
水平に保たれたしっぽ

中立的なポジションを意味する。リラックスしてフレンドリー。

U字型しっぽ

防御の姿勢。背中がアーチ状に丸まっていることが多い。防御効果を上げるため、しっぽの毛を逆立てていることもある。

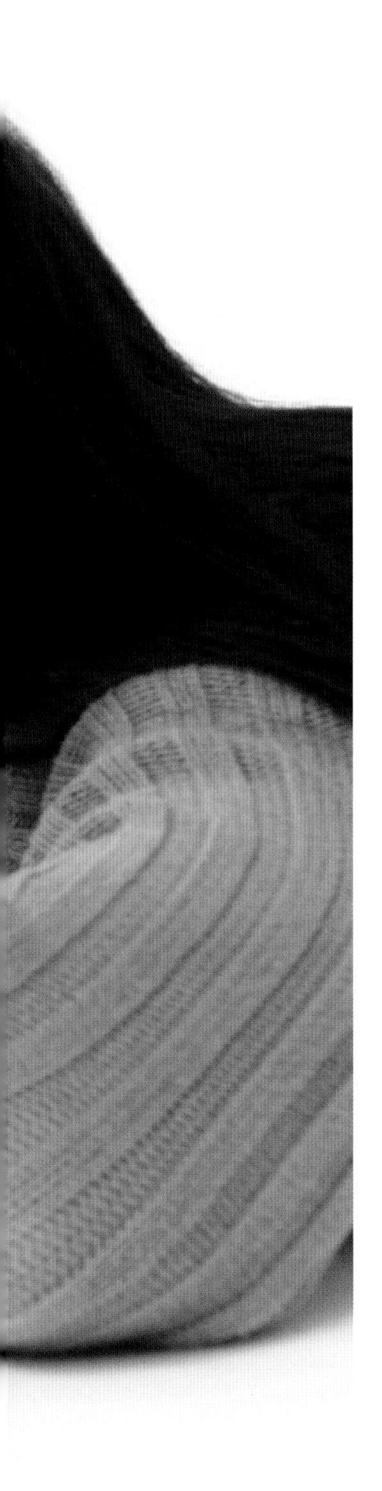

飼い主への愛情

自分こそ、猫にとって1番大切な人間だ。そう私たちは思っている。ほかの誰かが割りこんできて愛情を奪っていくなんて、考えただけで胸が苦しくなる。飼い主こそが猫のナンバーワンだと証明するため、メキシコの動物学者クローディア・エドワーズが2007年に用いたのが、エインズワースが開発した「ストレンジシチュエーション法」である。もともと、この実験法は小さな子どもと親との関係を調べるためのものだったが、エドワーズはこれを応用し、猫が本当に見知らぬ人より飼い主に愛着を抱いているのかどうかを確かめたのだ。実験に参加したのは28匹の猫で、彼らには3通りのシチュエーションが与えられた。1つ目は、部屋に自分だけでいる状況。2つ目は、同じ部屋に見知らぬ人といる状況。3つ目は、同じ部屋に飼い主といる状況だ。すると、飼い主と一緒の猫は、愛情表現の頭突きをしたり、遊んだりする様子が観察できたが、見知らぬ人と一緒のときには、このような行動はまったく見られなかった。飼い主がいると、猫はより大胆になり、新しい環境を積極的に探索していたが、他の2つの状況では、ドアのそばに座ったままじっとしていることが多かった。

豆知識

猫がゆっくりとしたまばたきを見せるときがある。時間をたっぷりかけながら、目を開いて、閉じて、それから頭を横に振るのだ。これは、猫がリラックスし、安心しているときに見せるしぐさだ。

CHAPTER 9: A SIXTH SENSE?
第六感?

あなたが帰宅するときにはいつも窓辺にいる猫。地震が来る直前に建物から飛び出してくる猫。そして、人の死を察知できる猫——猫には第六感が備わっていて、まもなく起こることが予測できると主張する人は多い。こんなことは、本当に可能なのだろうか？　何が事実で、何がフィクションなのだろう？

飼い主の帰りを待つ

あなたの猫は、いつも出窓に座って、あなたの帰りを待っているだろうか?　いつもと違う時刻に帰宅しようが、違う車で帰ろうが、何カ月も家を留守にした後だろうが、猫は窓辺で自分を待ってくれていると言う飼い主は多い。ただ、こんな行動は、とても理屈では説明がつかないのではないだろうか?

このような現象について、猫と犬を対象に調査をおこなったのが、ルパート・シェルドレイク——その主張で物議をかもすことも多い生物学者、理論家だ。1998年、シェルドレイクの研究チームは、イギリスのロンドンとグレーターマンチェスター、さらにはサンタクルーズで3回の電話アンケートを実施した。無作為に選んだ1000世帯弱に電話アンケートをおこなったところ、3つの地域で得られた結果は驚くほど似通っていた。猫を飼っている人のうち、31パーセントもの人が、猫は自分の帰宅を予期していると答え、外出しようとすると、そんな素振りをみじんも見せないうちから猫は気づいてしまうと答えた人は半数近くもいた。約35パーセントの飼い主が、自分の猫にはテレパシーがあると感じていて、考えていることや口には出さない命令にも反応すると述べた。

この手の話題についてはいろいろ調査がなされてきた。たとえば、飼い主が普段使っていない車で適当な時間に帰宅するという実験では、普段とは帰宅の状況が異なっていたにもかかわらず、半数以上の猫が窓辺にいて、飼い主の帰りを待っていたのだ。なぜだろうか?　すでに見てきたように、猫にはたぐいまれな聴力があるため、道を歩いてくる飼い主の特徴的な足音といった、人間には聞こえない音も聞こえているのだろう。違う車を運転していても、ギアの下げ方や、家の外での車のとめ方で、飼い主だとわかってしまうのかもしれない。さらに、猫には私たちの気づかないにおいまでわかってしまうということもあるだろう。

時間ぴったり

猫にも私たちと同じように体内時計がある。野生では、猫の1日で大事なのは狩りをする明け方と夕方だ。家畜になっているとはいえ、飼い猫にも野生だった時代の1日の時間感覚はまだ残っている。そして、猫は習慣の生き物でもある。1日の決まった時間に決まった物事をやりたがるし、人間のルーティンも意識している。目覚ましに気づかず寝続けたり、普段起きる時間に起きなかったりすると、猫が起こしにくるという話は多い。ひょっとすると、猫は飼い主が1日のうち決まった時間に戻ってくるのを知っていて、自分のルーティンをそれに合わせ、よく見える窓辺か、ほかのお気に入りの場所へ行って、飼い主の帰宅に備えているのかもしれない。また、時計のチャイム、教会の鐘、ラジオやテレビの番組、夜明けにさえずる小鳥の鳴き声などの音声からも時刻がわかることを知っているのかもしれない。

それから、飼い主自身が記憶を選択していることも考慮しなければならない。飼い主は、猫が待ってくれていたときのことは覚えているものだが、そうでないときのことは覚えているだろうか？　帰宅が遅くなったときや、夜に外出していたときはどうだっただろう？　いつもの時間に猫はあなたを待っていたのだろうか？　猫は窓辺であなたを待っていたかもしれないが、そこにはどれくらいの間座っていたのだろうか？

猫が決まった時刻に待っているということについては合理的な説明が十分できそうだが、飼い主が到着する10分以上も前から帰宅を迎えるそぶりを見せ始める猫については説明がつかない。これはテレパシーなのだろうか？

そうだという飼い主は多い。自分の猫は飼い主の心が読めると考えているのだ。

豆知識

ルパート・シェルドレイクはペットと飼い主の間のテレパシーについて調査したわけだが、この結果は賛否両論だ。特に、実験方法に問題があるのではないかと考える学者は多い。それでも、シェルドレイクの研究は飼い主たちの興味を大いにかき立てた。

動物病院へ

獣医にたずねてみると、診療予約をしていた飼い主が来院できないというのはよくあることのようだ。猫がキャリーバッグを目にした瞬間に逃げ出してしまうというのだ。猫は人間の感情がわかるのだろうか？　それとも、猫は人間の心を読むことができて、やろうとしていることがわかってしまうのだろうか？　これは、猫の長期記憶に秘密があるのかもしれない。かつてキャリーバッグに入れられ、ひどいにおいのする場所へ連れていかれたあげく、固定され、検査され、注射を打たれたときの記憶が残っているのだ。逃げたくなるのも仕方ないのではなかろうか？

災害の予知

猫は、さしせまった危機を感じ取ることができるのだろうか？　何千年も前から、猫など多くの動物には地震を予知する能力があると言われてきた。紀元前373年の記録によると、動物たちがギリシャの都市ヘリケから逃げ出し、その数日後に地震が街を襲ったということがあった。それより後の時代にも、地震の数時間前に飼い猫たちの行動がおかしくなったという話はある。落ち着きをなくし、興奮状態になり、姿を消した猫までいたというのだ。

1975年、中国の海城市で、猫などたくさんの動物が奇妙な行動をしているのが目撃され、住民が避難したことがあった。もともと地震の起きやすい地域だったため、動物たちの動きを見た役人たちは確信を持ち、屋外で寝るか避難するよう市民に指示を出したのだ。数日後、マグニチュード7.3の巨大地震が発生したが、警報のおかげで死者やけが人の数は大幅におさえられた。この出来事に触発され、猫などの動物が持つ地震予知の能力について、考察がさかんにおこなわれたのも当然のことだった。ところが、記録を調べてみると、海城市には地震前に何度か前震が起きていたことが判明した。動物たちの行動は、おそらくこれに反応したものだったのだろう。この地域にはほかにも複数回の地震がすでに起きており、警報も頻繁に出されていたという事実が軽視されていたのだ。

このような報告が米国地質調査所（USGS）を動かし、動物の行動と地震の関係について調査がおこなわれることになった。地震の数日前から行方不明になるペットの数が増え、ペットが奇妙な行動をとっているという、飼い主からの報告もあったが、早期警報システムとして使えるほど有意かつ信頼できるデータは何も見つからなかった。証言についても、裏付けにとぼしい逸話の域を出ることはなかった。

動物の奇妙な行動

1942年、イギリスのエクセターという都市で、突然猫たちが街を脱出するという出来事が報告され、ほんの数時間後にドイツ軍による大規模な空襲が発生した。何かが起ころうとしていることに、猫はどういうわけか気がついていたのだ。動物の奇妙な行動についてさらに報告が相次いだのが、2004年12月26日に起きたスマトラ島沖地震（インド洋大津波）の数時間前のことである。象やバッファローの群れが、犬や猫とともに高い場所へと移動したという話や、集団で巣ごもりしていたフラミンゴたちが巣を脱出したり、高地まで飛んでいったという報告などがあった。

カメラは見た

動物たちの奇妙な行動は、2011年に強い地震がペルーを襲う直前にも目撃されている。ヤナチャガ・チェミレン国立公園周辺にはモーション起動カメラ網が張り巡らされており、普段は1日に5頭から15頭の動物が録画されていた。イギリスにあるアングリア・ラスキン大学のレイチェル・グラントは研究チームを率い、地震発生までの20日間に収集されたデータに目を通した。地震前1週間前後には、1日にカメラがとらえた動物は5頭以下にまで減っており、まったく動物の動きが見られなかった日も5日間あった。これはめったにないことだった。さらに、げっ歯類に至ってはすっかり姿を消してしまっていたのだ。

原因を探った結果、この地域上空の電離層に乱れが発生していたことがわかった。電離層とは、イオン（電気を持つ粒子）を多く含む地球の大気層であり、電波を反射することができる。地震が近づくにつれ、地球の奥深くでひずみが生まれ、これが原因となって地表付近の空気中に陽イオンが発生する。このイオンが動物にもたらすひどい副作用は、まとめて「セロトニン症候群」と呼ばれる。脳内のセロトニン濃度が異常に高くなると、落ち着きのなさ、興奮、混乱、不安が引き起こされる。まさに、飼い主が自分のペットに見られたと報告した症状だ。こうしたイオンの増加は、特に地上性の動物に影響する。とりわけ影響を受けるのは巣穴で生活する動物で、げっ歯類の姿が地震のあった地域から消えてしまったのもこのためだ。

猫と犬、および牛乳の生産量

最新の研究の1つが実施されたのは、2011年の日本だった。地震の数が世界でも特に多い国である。2011年3月、日本を大地震と津波が襲った。その後1年の間に、山内寛之を中心とする研究チームは、ペットの飼い主にアンケート調査を実施。700人を超える猫の飼い主と、約1200人の犬の飼い主が回答した。質問の1つは、地震前の数日間に見られた動物の異常な行動についてだった。猫の飼い主のおよそ16パーセント、犬の飼い主の約18パーセントから、地震前の異常行動についての報告が寄せられた。たいていは地震が起きる直前の変化についての報告だったが、異常行動に気づいた猫の飼い主の30パーセントは地震の数時間前のことだったと述べ、6日も前に異常行動が見られたと言う飼い主も少数いた。報告された異常行動には、落ち着きがなくなった、うるさくなった、大声でニャーと鳴いた、隠れた、子猫を外へ出すと忽然と消えてしまった、などがある。人々が動物の行動について記憶違いをしていたり、大げさに言ったりした可能性もあると考えた研究者たちは、地震の起こった地域の牛からとれた牛乳の生産量を調べた。震

央から遠く離れたところでは、地震にいたるまでの間の牛乳の生産量に変化はなかった。ところが、震央に最も近いところにいた乳牛の群れについて見ると、地震前6日間の牛乳の生産量は少なくなっていたのだ。

なぜ地震を予知できたのか

　では、「猫の地震予知能力」は、どう説明すればいいのだろうか？　いくつかの説明が考えられる。猫は地中の振動に敏感であることがわかっている。地震は地中で1度巨大な動きがあるだけではなく、複数の地震波が地殻を通ってきている。最初はP波（圧力波）、続いてS波（二次波）が到達する。動物はP波を感知し、危険を連想し、地面が揺れ始める前に家出したり避難したりするのだ。

地震の数時間前に動物の行動がおかしくなることについては、P波の存在や静電気の急激な増加、地球の磁界の変化などで説明がつけられる。だが、地震の数日前、数週間前から起きる行動の変化については、学者も説明できていない。理由として考えられるのは、地面に生じる微妙な変化（隆起または傾斜）、地下水の変化、地面に微小な亀裂ができることで発生する振動、ガスの放出、電離層の変化、電場や磁場のわずかな変動などの感知である。

地震ホットライン

ルパート・シェルドレイクは、猫の地震に対する反応の研究にたずさわっている。シェルドレイクは、猫が地震を予知できると長年考えており、独自の調査をおこなってきた。1994年のカリフォルニアで起きたノースリッジ地震、1995年の神戸の震災、1999年にギリシャとトルコで起きた地震など、大規模な地震の前の動物たちの行動について調べてきたのだ。地震前のペットのおかしな行動に関する報告はシェルドレイクのもとにたくさん集まってきており、これだけ多くの事例が広い範囲で報告されているからには、そこには何らかの真実があるに違いないとシェルドレイクは主張する。飼い主がペットの異常行動を報告し、寄せられた報告を比較分析できるシステムがあれば、自然災害を予知する手段になるかもしれないとシェルドレイクは考えている。間違って警報を出してしまう可能性や、いたずら目的での報告があるかもしれないことは考慮に入れる必要があるが、このようなシステムをうまく活用すれば、地震などが起きたときの影響を緩和できるだろうとシェルドレイクは述べている。

豆知識

第二次世界大戦中には、敵の飛行機が接近していることを、猫の行動を見て早めに知ったおかげで、人の命が救われたことがあった。猫は超音波を聞くことができるため、飼い主が飛行機の音を耳にするずっと前からエンジン音に気がついていたのだ。まもなく、人々は飼い猫の様子に注意し、防空壕へ避難するようになった。ロンドンに住むトラ猫のアンドリューも、そうした猫の1匹だった。アンドリューは、自宅のそばに飛行爆弾が落ちる前に気づいて身を隠し、その様子を見ていた人々も全員避難したのだ。

三匹荒野を行く

『三匹荒野を行く』は、1960年代に子どもたちのあいだで人気になった本である。1963年と1993年には、ディズニーによって映画化もされている。2匹の犬と1匹のシャム猫がカナダを歩き続け、400キロもの旅路を経て、家へと帰りつく物語だ。この話はフィクションだが、現実の世界でも、猫が奇跡のような旅をした話は山ほどある。

たとえば、別の家に移されても、もとの家まで帰ってきた猫がいる。なかには、車に閉じ込められ、家から遠く離れたところに運ばれてしまった猫もいた。慣れない環境の中で、もとの家を目指し進んでいくという困難に直面した猫たちは、その優れた五感を最大限に駆使することで、一見不可能とも思えることを成し遂げたのだ。

4歳の三毛猫ホーリーも、そんな奇跡を起こした猫の1匹だった。フロリダのデイトナビーチに旅行中、ホーリーは飼い主の一家とはぐれてしまった。2カ月後、ホーリーは一家の自宅から少し離れた場所で発見された。320キロもの距離を移動し、帰ってきたのだ。ホーリーはやつれた様子で、肉球は血にまみれ、つめはすり減っていた。ヒッチハイクをして帰ってきたわけではなく、どうやら歩いて家まで戻ってきた様子だった。体内に埋め込まれていたマイクロチップで確認もされたが、まちがいなくあのホーリーだった。

ホーリーはどうやって帰ったのだろうか?

家から数キロ離れた場所ではぐれた猫であれば、見慣れた目印とにおいを頼りにできる。すでに見てきたように、猫はなわばりの地図を頭の中に思い描くことができる。嗅覚と聴覚つきのGPSが体内に埋め込まれているようなものだ。だから、短い距離であれば、猫が家に戻れるのも不思議なことではない。ただ、猫がまったく知らない地域にいるときには、これは不可能だ。ホーリーはおそらく、太陽や星の位置、地球の磁場までも利用しつつ、家までたどり着いたのだろう。においは風に乗って何キロも運ばれていくため、山や森や海の特徴的なかおりもヒントになったのかもしれない。

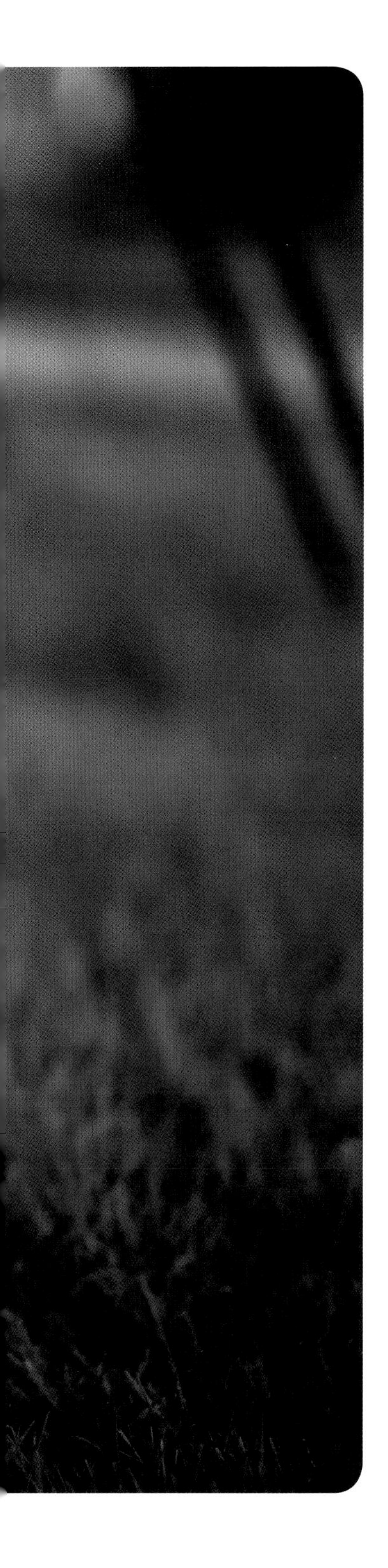

帰巣本能

このような帰巣本能について調べるため、これまで数々の実験がおこなわれてきた。たとえば、どこに向かっているのかをわからなくするために、猫を箱に入れ、車であちらこちらを移動させる実験や、方向感覚を失わせるために磁石を用いた実験、さらには、猫をプラネタリウムに入れる実験までおこなわれている。

ドイツの都市、キール在住の学者が1954年に行った実験は有名だ。複数の猫を箱に入れ、車に乗せて市内を連れまわし、その後、実験のためキールから数キロ離れた場所に建てておいた迷路へと猫を放ったのだ。迷路の中央地点からは24の通路が伸び、日光も月光も入らないように覆いがかけられていた。猫はいずれも中央地点に放たれ、各猫がそれぞれ通路を探索する様子を研究者たちは観察した。たいていの場合、猫は自分の家がある方角へと続いている通路を選んだ。家が数キロしか離れていない猫は特にそうだった。これは帰巣本能による行動だが、その仕組みは誰にも説明できなかった。

さらなる実験がアメリカでもおこなわれた。この実験では、猫に麻酔をかけた後で移動させ、自分の居場所がまったくわからないようにした。猫が麻酔状態から目を覚ました後で、先ほどと似たタイプの迷路に入れて実験したところ、多くの猫が家の方角に向かう正しいルートを選択できた。強力な磁石を迷路の近くにおいて再度実験したところ、猫は混乱した。他の多くの哺乳類や鳥類と同じように、猫も地球の磁場を感知することができるというわけだ。視覚的な手がかりが何もなくても猫が帰り道を見つけることができたのは、この能力のおかげだったのかもしれない。

人間の病気を察知する

猫はその敏感な鼻で、一番身近な家族すら気づかないにおいや、病気の前触れかもしれないにおいなど、人間のにおいのほんのわずかな変化にまで気づいてしまう。猫は訓練を受ければ、警察猫として麻薬などの密輸品の探知ができることはすでに見てきた。だから、猫が私たちの体に注意を向け、異変のサインかもしれない変化を感じ取れるのも、不思議なことではない。

インターネットでちょっと検索してみれば、飼い主の人生において大きな役割を果たしたり、命を救ったりしたペットをたたえるウェブサイトがいくつも見つかるだろう。飼い主が目を覚ますまで起こし続け、糖尿病性昏睡やてんかん発作、心臓発作になるのを防いだ猫の話もある。証言の正確性には疑問の余地もあるが、飼い主を救ったということに変わりはない。

モンティは茶トラ猫で、カナダの「ピュリナ・ホール・オブ・フェイム」(勇敢なペットをたたえるイベント)で殿堂入りを果たしている。モンティは指にかみついて飼い主を起こし、糖尿病性昏睡に陥るのを防いだのだという。指をかんだのにはわけがあった。血糖値をはかるときに使っていたのが左手の指だったのだ。飼い主が目を覚ますと、モンティが検査に使っているのと同じ指をかんでいた。追い払おうとしてもモンティはやめなかった。それから、飼い主はめまいがすることに気がついた。ふらつきながらキッチンへ行くと、モンティは素早く血糖値検査キットの横に座った。検査の結果、血糖値が危険なほど低くなっていることがわかったのだった。

メル・オーもヒーロー猫だ。9歳の少年が眠っている二段ベッドの上にのぼり、少年の顔を前足で叩いたり、上に乗ったりして少年を起こした。少年の気分は悪くなかったが、両親が血糖値をはかってみたところ、やはり低すぎる値だとわかったのだった。メル・オーは、少年が糖尿病の発作を起こしそうだと警告していたのだろう。

リリーも、病気の発作アラームの役割を果たしている猫だ。リリーは、19歳のネイサンがてんかん発作を起こす兆候を察知できる。自宅の階段をかけあがってはかけおり、ニャーと大きく鳴くことで、ネイサンの両親に知らせるのだ。おかげで、てんかんの発作が起きても、急に倒れてケガをするのを防げている。リリーはどうして、ネイサンが発作を起こしそうだとわかるのだろうか？　おそらく、発作が起こる前に体内で起こる、微妙な化学的変化を感じ取っているのだろう。

がんの発見

犬を訓練し、がんの発見に役立てるということがこれまでおこなわれてきた。猫も同じぐらいうまくはやれるのだが、猫は訓練したりモチベーションを持たせたりすることが容易ではないため、正式な形で使われてはいない。ただ、家庭内では、飼い主と猫の間にきずながあれば、猫の行動ががんの発見につながることがある。たとえば、こんな話がある。ある茶トラ猫が、飼い主のベッドにもぐりこみ、飼い主の左半身を前足でしきりにさわるという、普段とは違う行動をとった。心配になって飼い主が病院に行くと、肺がんが見つかったのだった。また、猫が救えるのは人だけではない。飼い猫の1匹が別の猫のこぶをずっとなめていて、検査したところそのこぶはがんだった、という話も報告されている。

猫はなぜ病気がわかるのだろうか?

なぜ、猫は病気の人の周りで行動が変わるのだろうか？　まず、猫はあなたの体が発するサインを読むことができる。微妙な兆候を拾うのだ。飼い主の体型が少し変わったことや、気分の変化に気づくのかもしれない。優れた嗅覚を使って血糖値の変化を感じ取ったり、脳波のパターンの変化に気がついたり、感染症や悪性腫瘍の発症による体温の上昇に気づいているのかもしれない。

がんはどうだろうか？　がんは、制御不能に自己複製する細胞によって引き起こされ、腫瘍を形成する。がんの異常な成長により、しばしば通常とは異なる特定の化学物質が生成されるが、これが猫の注意を引きつけるのかもしれない。猫がこれをなめたり、前足でさわったりするため、人間は何かしらの異変に気づくのだ。

きっかけはペット

膀胱がんは、患者の尿中の特定の物質を検出するオドリーダーと呼ばれる装置の開発により、いまでは早期に検出できるがんの1つである。この装置は、猫と犬が、がんによって放出された微量の物質を検出する能力にヒントを得て、開発されたものだ。実際に、この物質を含む尿のサンプルを嗅ぎ分けられるよう、試験的に警察犬を訓練し起用した例まであった。いまでは、この簡単な検査をクリニックでおこなうことができる。こうして、膀胱がんの早期発見が可能となり、生存率が向上する可能性が出てきた。

死を予測する

2007年には、ロードアイランドにある認知症患者のための先進的な老人ホーム「スティアハウス・ナーシング・アンド・リハビリテーション・センター」にて、オスカーと呼ばれる猫が入居者の死を予測していたことが報告された。アメリカの老年医療専門医デイヴィッド・ドーサ博士が書いたオスカーの話は、『ニュー・イングランド・ジャーナル・オブ・メディスン』誌に掲載され、まもなく世界中で大ニュースとなった。

スティアハウスに住む猫の1匹であるオスカーは、認知症患者が暮らす3階を巡回しながら、すべての入居者の部屋を訪れていた。オスカーは特別人なつっこくもないよそよそしい猫で、人の接近を嫌い、シャーッと鳴いて人間を威嚇していたという。職員たちは、オスカーが人間と寄り添うのは、その人が人生最後の数日を迎えているときだけだと気がついた。オスカーには、人生の終わりを迎えようとしている人を探し出す生まれつきの能力があり、彼らに寄り添って安らぎを与えているようだった。患者のベッドの上かその周りにオスカーがいれば、患者の臨終が近いとはっきりわかるため、それに応じて家族に知らせることができる。職員はまもなく、そう気づいた。オスカーは、ほぼ100%の精度で100人もの患者の死を予測したと推定されている。

オスカー、ふたたびお手柄

オスカーは、医師の診断が間違っていたと証明したこともある。2人の深刻な病状の患者（A、B）について、医師らはAがBよりも死に近いと確信していたが、オスカーはBのほうに座っていた。ある看護師は、オスカーが間違っているのではないかと心配し、Aのほうへオスカーを移した。オスカーは怒ってその患者のベッドから飛び降りて、Bのベッドに戻り、寝ずの番を再開した。Bは数時間後に死亡したが、Aはさらに数日間生存した。

オスカー自身、死に至るほどの経験があった。重度のアレルギー反応を起こし、獣医が駆けつけたことがあったのだ。オスカーの心臓の鼓動は数分間止まったが、その後息を吹き返した。幸運なことに、オスカーは完全に回復し、認知症ホームに戻り、死にゆく人々を慰め続けた。オスカーの件が大ニュースとなったため、各地の老人ホームは自分たちのところにいる「オスカー」の話を積極的に広めるようになった。こうして、猫は人間をあらゆるところで助けていることがわかったのだ。

猫はなぜ人の死が近いとわかるのだろうか？

明らかなのは、人生の終わりに近づいている人は、人間には感知できない一方で猫には感知できる香りやフェロモンを放っているということだ。死にかけている細胞は、しばしば甘い香りのケトンなどの物質を放出するが、特に鋭敏な嗅覚を持つ猫は、これを検出することができるのである。

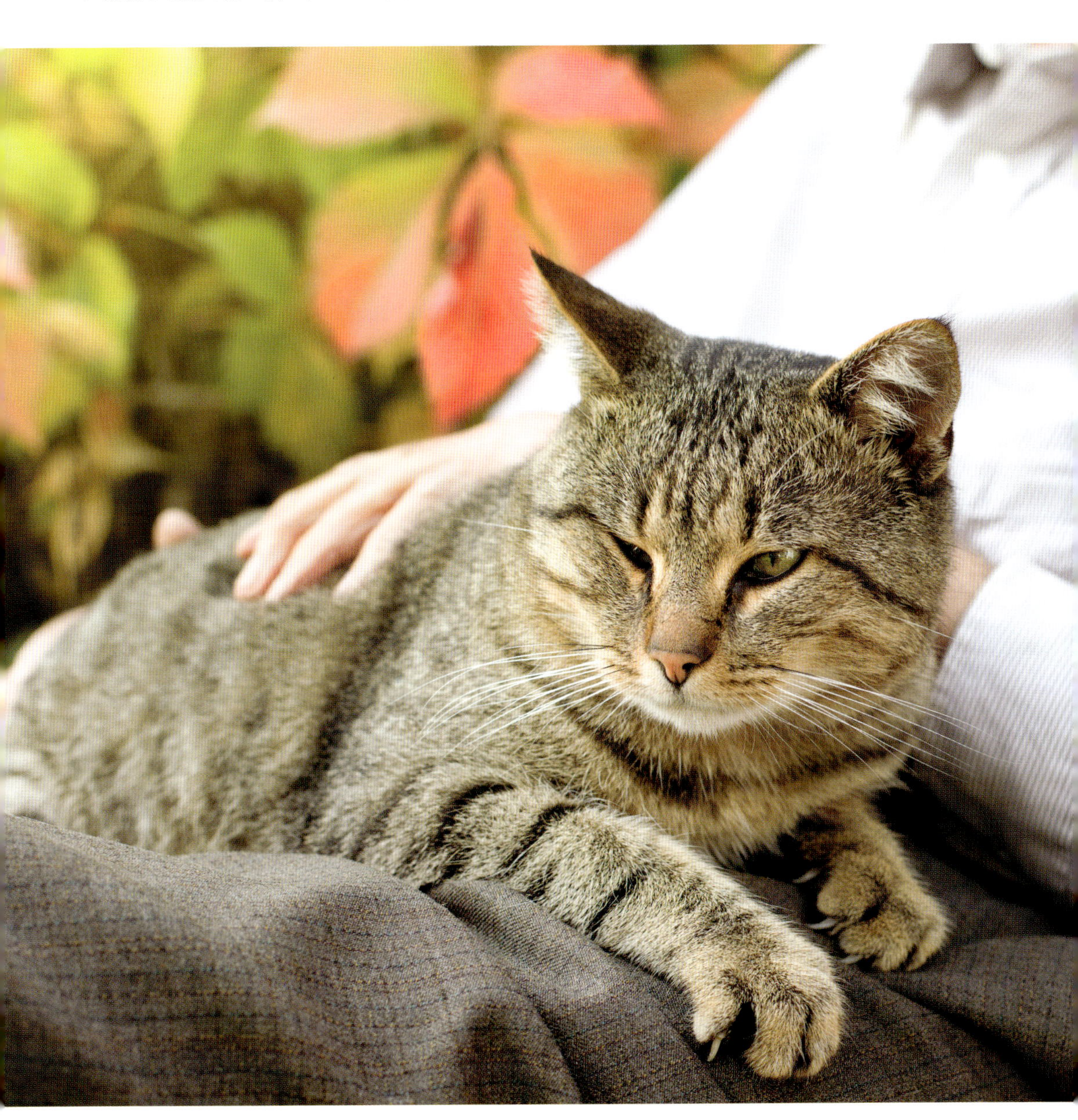

セラピー猫

スティアハウスでは動物飼育プログラムが実施されており、猫を含む動物の存在が住民に大きなメリットをもたらすことが証明されている。オスカーはこのプログラムの一環として、地元の動物保護施設から来た6匹の猫のうちの1匹だった。スティアハウスは、自分の世話ができないことの多い、末期の認知症患者のケアを専門にしている。患者は歩くことができないこともあれば、自分の家族を認識したり、コミュニケーションをとったりすることすらできない場合もある。しかし、患者は動物には反応を示すのだ。膝の上で猫をなでることで、患者は落ち着くことができ、気分も良くなるのである。

猫が注いでくれる愛情は人の支えになる。精神面、感情面、身体面で問題を抱えている人の助けになるように、動物と暮らすプログラムも立ち上げられている。自閉症などの発達障害をもつ子どもも、猫がいてくれることで、リラックスでき、周りの環境にうまく対処できるようになる。そして、じきに自分にもっと自信が持てるようになるのだ。このようなプログラムの1つを見てみると、猫はすべて1歳以上であり、愛情に満ちたやさしい性格の持ち主が選ばれている。攻撃的な兆候はあってはならないし、ハーネスをつけられたり、なでられたり、抱かれても嫌がらない猫が選ばれている。慣れない環境でもうまくやっていくことも求められる。

豆知識

猫を飼うことで人の心の健康に良い影響があることは、研究データで実証済みだ。2011年、イギリスの動物保護団体キャット・プロテクションとメンタルヘルス財団は、猫を飼っている人と飼っていない人、合わせて600人にアンケート調査を実施した。猫を飼っている人の87パーセントが、猫のおかげで健康に良い影響があったと答え、30パーセントが猫をなでることで心がおだやかになり助かったと答えた。回答者の4分の3が、猫がいてくれるおかげで日々の生活とうまく向きあっていけるようになったと答えた。

CHAPTER 10: CAT PLAY
猫の遊び

犬と違って、猫は扱いが難しく、研究もあまり行われていない。まず、実験になかなか協力してもらえない。おやつを与えても、いつも反応してくれるとは限らないのだ。また、変わったにおいのする実験室に連れていったり、見ず知らずの人に会わせたりすると、猫にとってストレスになってしまうこともある。だが、暮らしている家でなら、猫はリラックスしているし、よろこんで遊んでくれるから、もっとうまくいくかもしれない。ここでは、シンプルなゲームとエクササイズを使った実験をおこなって、猫の知能に触れ、猫の世界についてもっと学んでみよう。

ここに挙げた実験のほとんどは、本書でこれまで見てきた実験をアレンジしたものだ。実験中の猫の様子は、動画にとっておくとよい。あとで大事なジェスチャーや動きがないか、結果を確認できるからだ。また、実験をおこなうときには、猫が遊びたい気分で、おなかをすかせている時間帯を選ぼう。ごほうびのおやつに反応して、つきあってくれやすくなる。

実験1：数を数えられる?

これは猫が数を区別できるかという、比較的シンプルな実験だ。大きい数と小さい数（ここでは、2つの黒丸と3つの黒丸）の違いを理解し、この知識を使って食べ物を見つけられるか試してみよう。これで数の大小を区別する能力が分かる。

この実験をするには、おやつと白いカード2枚、まったく同じ深めのフードボウル2個を用意しよう。

1. おやつを片方のボウルに入れる。おやつがすっかり隠れるように、深めのフードボウルを使うこと。

2. 2枚の白いカードのうち、片方に2つ、もう片方に3つの黒丸を小さく描く。5つの黒丸はぜんぶ同じサイズになるようにする。

3. 白い壁のそばに、2つのフードボウルを1メートル間隔で配置する。それぞれのボウルの後ろにカードを立てる。このとき、黒丸2つのカードを、おやつの入ったボウルの後ろに立てるようにする。

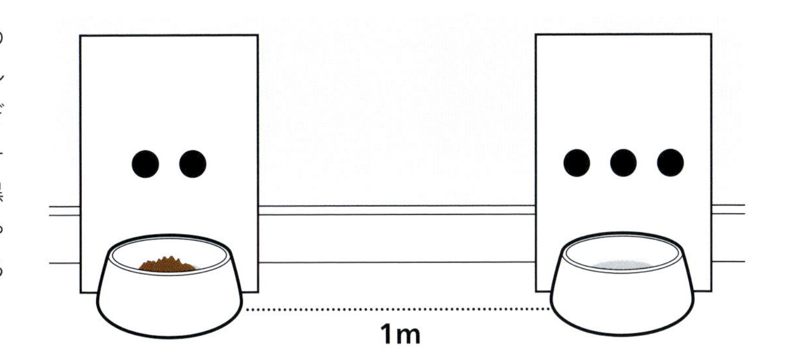

4. 猫を部屋に入れてボウルを調べさせ、おやつを見つけさせる。何回かこれを繰り返し、その後2日間も同じように繰り返す。猫は、黒丸2つのボウルにおやつがあることをすぐに学習して、そのボウルを目指して走っていくはずだ。

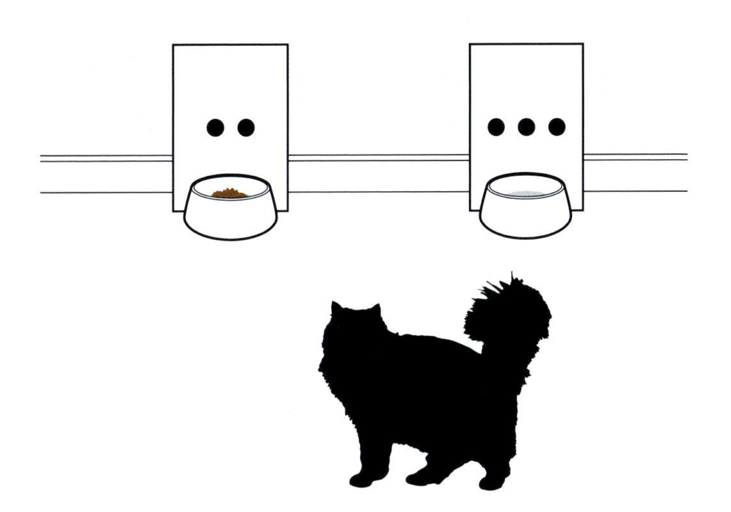

この実験をおこなったイタリアの心理学者、クリスチャン・アグリロは、次に黒丸の大きさを変化させた。2つの黒丸を大きく描き、3つの黒丸と同じ範囲を占めるようにしたのだ。

あなたもこれを試してみよう。2つの黒丸を大きくして、もう1度実験してみる。結果は変わるだろうか?

黒丸の大きさは、黒丸の数よりも重要なのだろうか?　考えてみよう。

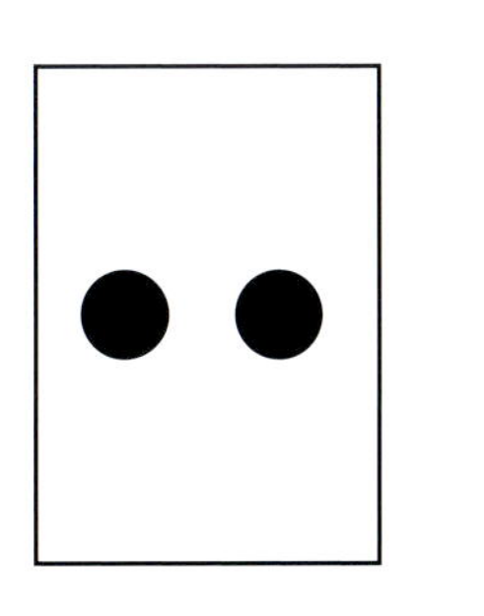

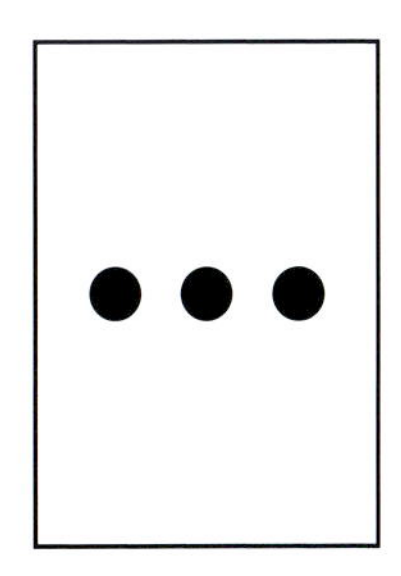

実験2：時間の長さはわかる?

「あなたの猫は時間がわかりますか？」とたずねれば、ほとんどの飼い主は「わかる」と答えるだろう。飼い主の起きる時間がわかっているみたいだし、目覚まし時計としても申し分ない猫は多い。猫には体内時計が入っていて、起きる時間や食事の時間などを教えてくれるのだ。だが、時間の「長さ」についてはどうだろう？　猫は判断できるのだろうか？　この実験では、猫が短い時間どうしを区別できるように訓練してみよう。この実験はシンプルだが、最後までやりとげるには数週間かかるだろう。猫に事前のトレーニングをしておく必要があるからだ。この実験をやるのは、猫が空腹のときが理想である。

まったく同じ2つのフードボウルと、いつも猫にあげている食べ物、それからぜいたくなおやつを用意しよう。

1. 2つのボウルを床に置き、その両方に食べ物を少量入れておく。猫を部屋に入れ、2つのボウルからだいたい2メートル離れた場所で、猫と一緒に座る。猫を数秒間引き止めておき、それから放して、ボウルを調べさせる。片方のボウルから食べ物をゲットしたら、猫を呼び戻しておやつを与えよう。毎日、同じ時間にこれを繰り返すと、1週間が経つ頃には、猫は片方のボウルへと走って食べ物をとり、戻ってくるようになる。これで、事前のトレーニングは終了だ。
2. 次の段階に進もう。今度は、猫が引き止められた時間の長さに応じて、左右どちらかのボウルを選択できるように訓練する。5秒引き止めたら左のボウルへ、20秒引き止めたら右のボウルへ行くようにトレーニングしていこう。事前のトレーニングと同じように、毎日同じ時間にやるようにする。正しいボウルを選べたら、猫におやつを与えよう。猫が引き止められた時間の長さとボウルの関係を学習し、正しいボウルを選べるようになるまで、これを繰り返す。

もともとの実験では、時間差をさらに少なくし、猫に5秒と8秒の区別までさせている。あなたの猫はうまくやれただろうか?

2m
20 秒
5 秒

実験３：あなたの声はわかる?

2012年、日本の齋藤慈子と篠塚一貴は、猫が飼い主の声を聞き分けられることを証明した。あなたの猫は、飼い主の声がわかるだろうか？　それとも、どんな声にでも反応するのだろうか？

1. ここでは、４人に協力してもらい、その声を録音する。できれば、あなたと同じ性別で、年齢も近く、猫に知られていない人を選ぼう。まず、飼い主であるあなたが猫の名前を呼んでいる声を録音する。次に、４人の人にも同じように猫の名前を呼んでもらい、スマートフォンに声を録音する。録音では、声をなるべく似せるようにしよう。

2. ここからは、協力者に実験を進めてもらう。あなたがいない場所でやる必要があるからだ。実験の様子は動画にとっておき、あとで猫の微妙な動きやジェスチャーを確認できるようにしておくとよい。協力者は静かな部屋で猫と一緒に座り、猫の知らない3人の声を再生する。次にあなたの声、それから、4人目の知らない人の声を再生する。

3. 協力者には、頭、耳、しっぽ、前足の動きや、瞳の広がり具合、鳴き声などに注意して見てもらう。動画で確認するときには、猫が単に音声に反応しているのか（つまり、音声が流れたということに気づいただけなのか）、それとも、耳をピンと立てたり瞳を広げたりと、音声に興味を持っている様子なのかどうか見分けるようにしよう。音声に特に興味を引かれれば、猫は音の出ているほうへ歩み寄っていくはずだ。

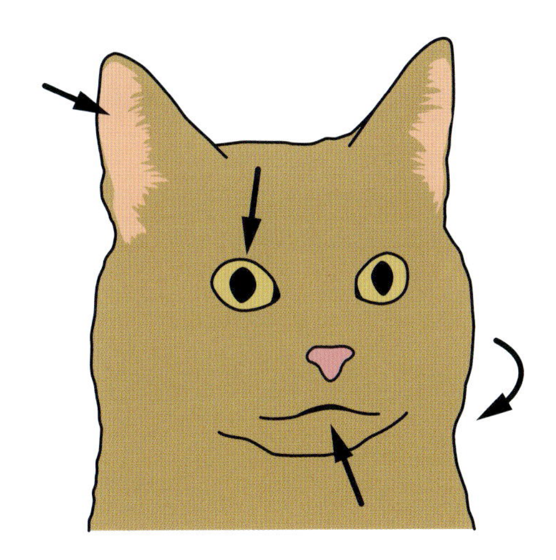

あなたの猫は飼い主の声を認識できただろうか？他人の声にはどんな反応を見せただろうか？

実験４：物の存在を覚えておける？

さあ、ここからは「物の永続性」の実験で、猫の認識の発達について見ていこう。今回はかなり複雑な実験で、いくつかの段階に分かれている。もとになっているのは、小さな子どもの認識の発達度をはかるために、よく使われる実験だ。

スイスの心理学者、ジャン・ピアジェは認識発達の理論を展開し、人間の子どもが心の中にどのように実世界のイメージを構築するのかを説明した。人間の子どもは五感を使い、試行錯誤を繰り返しながら世界について学習していく。猫もまったく同じだ。

ジャン・ピアジェの考えた、子どもの思考の発達過程における４段階のうち、第１段階に発達するのが、物の永続性である。これは、物が見えなくなった後でも、そこに物が存在していると理解する能力のことだ（74ページ参照）。第１段階は、さらに６つの段階に分かれている。

1. 動く物体を目で追いかけたり、物体にさわった手を閉じたりといった、反射による行動を見せる。
2. 偶然おこなった動作を気に入り、その動作を反復する（たとえば、足をバタバタさせる、指を小刻みに動かすなど）。
3. 感覚と動作の協調ができるようになり、外界に対する動作を反復する（たとえば、音を聞くためにおもちゃをガラガラする）。論理の芽生えが観察できる段階。
4. 視覚と触覚の協調。外界の物体と、自分が物体に対してできることに興味を示す（たとえば、ある物体をとるため、別の物体を押しのけるなど）
5. この段階に至ると、子どもは物体を分解して組み立てなおすなど、物体についていろいろなことを試すようになる。
6. ２歳に達する頃には、「見立て遊び」のように、ある物を使って別の何かを表せるようになり、物体のイメージを思い浮かべられるようになる。

それでは、目の前から消えてしまった物体を「頭の中にとどめておく」猫の能力について、これから実験していこう。

ボールがソファーの下に転がり込むなどして視界から消えたとき、ボールがなお存在しているとわかる能力を、人間の子どもはじきに発達させる。これについては、猫にも一定の能力があるとわかっている。たとえば、猫は以前食べ物が見つかった場所で食べ物を探したり、ネズミが物置の下に消えてからもネズミを狙い続けたりする。

この実験では、猫にお気に入りのおもちゃを見せてから、カードをおもちゃの前に置くことで視界から隠し、おもちゃが見えないようにする。あなたの猫がかしこければ、おもちゃを探してカードの後ろ側を見るだろう。これは大事な能力だ。野生の世界では、狩りの最中にネズミが塀の後ろや垣根の下に消えた場合、ネズミがどこに消えたかを記憶しておき、見えない間にどこへ行く可能性があるかを予測する能力までが必要になるのだから。

この実験ではターゲットが必要だ。そこで、おやつではなく、物体を用意する。たとえば、猫のお気に入りで見つけたくなるおもちゃのようなものだ。大きすぎてはだめで、手のひらに入るサイズでなければならない。においがしたり、音を立てるものもだめだ。ターゲットを隠すために、プラスチック製の植木鉢も 2 つ必要になる。猫がターゲットを回収できるように、倒しやすい植木鉢にする。

各ステージは順番に、なるべく一気に実施する。ただし、1 つのステージが終わってから、次のステージへと進まなければならない。クリアできないまま次のステージへは進めないので、失敗した段階で実験は終了だ。

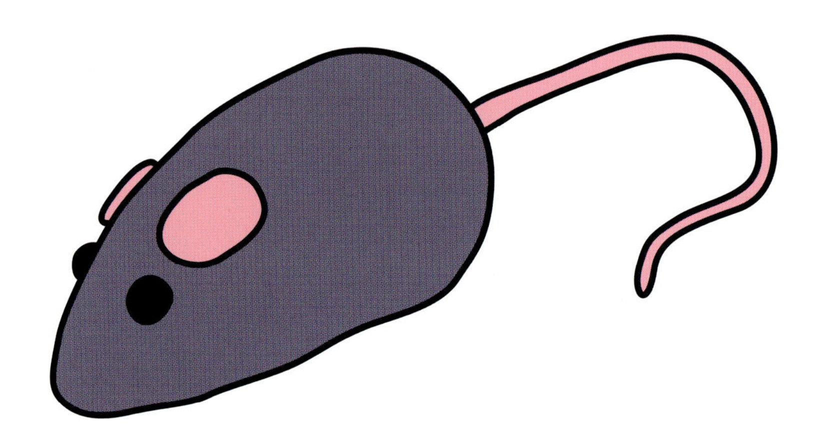

1. 第 1 ステージでは、猫にターゲットで遊んでもらう。ターゲットをあちらこちらへ転がして遊ぶように誘導する。このステージに猫が協力してくれないときは、猫が遊びたい気分の日に再チャレンジだ。

2. 猫の注意を引くことに成功したら、今度はターゲットを空中に上げ、がんばらなければターゲットで遊べないようにする。猫の目の高さにターゲットを持ち上げ、そこからゆっくりと頭の後ろへと持っていき、猫の視界から消えるようにする。猫がターゲットを追って目を動かすか、頭を動かすかをじっくり観察する。これが終わったら、ごほうびとして、ターゲットで遊ばせてあげよう。

3. プラスチックの植木鉢を１つ床に置く。まず、猫に植木鉢のにおいを嗅がせ、さらに鉢で遊ばせる。それからターゲットを少し動かして、再び猫の注意を向けさせる。猫がターゲットを見たら、ターゲットが半分だけ植木鉢の下に隠れるように置く。猫はターゲットを見つけることができるだろうか？　これを何回か繰り返し、猫がたまたまターゲットを発見できたわけではないことを確かめよう。

4. 次にターゲットを植木鉢の下に隠し、完全に見えないようにする。まず猫にターゲットを見せ、それから植木鉢のほうへゆっくりと手を動かし、ターゲットを鉢の下に入れる。猫がこの動作を見ているようにしなければならない。猫は鉢のほうへ近づいていくだろうか？　鉢を前足で動かすか、ひっくり返せば、ターゲットは手に入れられる。

5. さあ、ここからややこしくなってくる。植木鉢を 2 つに増やし、難易度を上げよう。猫が見ている間に、ターゲットを片方の鉢の下に入れる。これを数回繰り返して、猫が毎回迷わず同じ鉢に向かうようにする。次に、ターゲットをもう片方の鉢の下に、目立つように大げさに動かす。猫はこれについてきただろうか? 最初の鉢に行っただろうか? それとも、2 つ目の鉢を調べただろうか? ターゲットがどこへ消えたか覚えているだろうか?

6. これが最高難度のステージだ。手でターゲットを拾い上げ、それを猫に見せる。それから手を閉じて鉢の下へ持っていき、慎重にターゲットを鉢の下に置く。ここで大切なのは、手を開いてターゲットを出すところを猫に見られないようにすることだ。手を鉢の下から出して開いてみせ、ターゲットがもう手の中にはないことを猫にわからせる。もっとわかりやすくするためには、開いた手を猫のほうに差し出せばいい。猫がターゲットを見つけに鉢のほうへ向かったなら、鉢の下にターゲットが置かれるところを実際には見なかったにもかかわらず、何が起こったのかが理解できたということになる。

あなたの猫はうまくできただろうか?　どのレベルまで進めただろうか?

実験5：おもちゃ遊び

猫におもちゃを与え、遊ばせるのは楽しいものだ。猫を飼っているとしばしば目にする光景だが、猫はおもちゃがまるで本物の獲物であるかのように、とびかかり、かみつき、たびたび引き裂いてしまう。逆に、おもちゃに飽きてしまうこともある。

1992年、イギリスの動物学者、ジョン・ブラッドショーとサラ・ホールは、猫の遊びを調べるための実験をおこなった。猫が単に楽しいからおもちゃで遊ぶのか、それともおもちゃを獲物として見ているのかを確かめようとしたのだ。実験に使われたのは、さまざまなおもちゃだった。ネズミに似せた毛皮製のおもちゃもあれば、羽毛で覆われた鳥のようなおもちゃもあり、脚がたくさんついたクモのようなものもあった。最初におもちゃが与えられたとき、猫は大いに興味を示して遊んだが、2度目に渡すと最初ほど興味を示さず、3度目には明らかに飽きた様子だった。約5分後、最初に渡したものと似た新しいおもちゃを与えたところ、猫の興味はふたたびかき立てられた。猫が獲物のようなおもちゃに興味を示すということは、猫は狩りに関連した先天的本能をまちがいなく持っていて、おもちゃを本物の獲物だと思ったのだというのが2人の感想だった。

次に2人は、空腹の役割について調べた。空腹によって、おもちゃで遊びたいという欲求が左右されるかどうかを確かめるためだった。猫の1日の最初の食事の時間を遅らせ、代わりにネズミのおもちゃを与えた。おなかをすかせた猫の頭は狩りをして食べ物にありつくことでいっぱいであろうから、遊びには興味を示さないだろうというのが2人の予想だった。だが、結果は正反対だった。空腹の猫は、勢いよくおもちゃにとびかかっていったのだ。猫はおもちゃで遊んでいるとき狩りのことを考えていると、これではっきりしたのだった。

この実験をあなたの猫にも試してみよう。毛皮製のネズミのおもちゃや、羽のついた鳥のおもちゃのように、動物に似せたおもちゃが2つ必要だ。

1. 猫に、動物のおもちゃのうちの片方を与える。猫はおもちゃで遊ぶだろうか? もし猫が興味を持たなければ、おもちゃを取り上げ、また別の機会にチャレンジしてみよう。
2. 数分間遊ばせた後で、おもちゃを取り上げる。5 分間待ってから、猫におもちゃを返す。これを何回か繰り返そう。猫はおもちゃに興味を持ち続けるだろうか? それとも、飽きてしまうだろうか?
3. 5 分間待ってから、1 で与えたものとは別のおもちゃを猫に与えよう。おもちゃへの興味は増すだろうか?　それとも減るだろうか?

実験の後半部分では、空腹で猫の遊び方が変わるかどうかを確かめていく。

4. 猫に食事を出す代わりに、おもちゃを与えてみよう。おもちゃに興味を持つだろうか?　おもちゃで遊ぶか、ニャーと鳴いて食べ物を求めるか、どちらだろう?

実験 6：問題は解ける？

猫が前足を使ってものを引き寄せたり、ソファーの下にはさまったおやつや、お皿に入れた水に浮いた物をとったりするのを、何度も目にしたことがあるだろう。

この実験の目的は、猫が問題を解けるかどうかを確かめること。糸の端につけられたおやつを見て、もう一方の端を引っ張ることでおやつを引き寄せるということを理解できるか試す。まずは 1 本の糸を使って実験し、次に 2 本の糸、最後には交差させた 2 本の糸というように発展させていく。

用意するのは、糸とにおいのあるおやつ、それに透明なプラスチックの板だ。

1. 糸を切って、50 センチの糸 2 本にする。

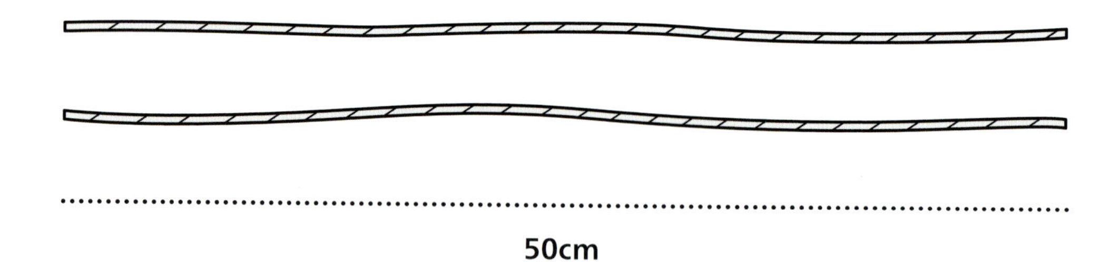

2. 片方の糸の先に、おやつを取りつける。

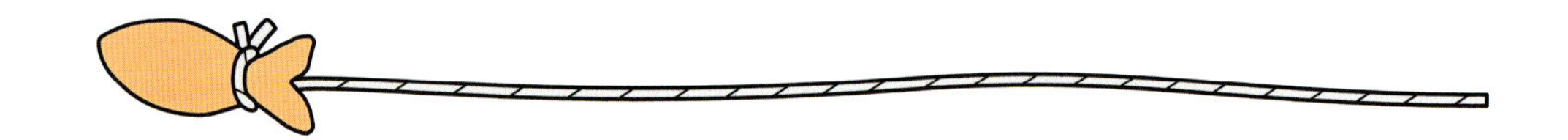

3. 糸を床の上に広げ、プラスチック板を上に載せる。おやつが中央に来るようにし、糸のもう片方の端が板の外へ出るようにする。猫が糸を引っ張ったときにおやつが板に引っかからず動くように、板は床から少し離れた状態になるようにセットする。

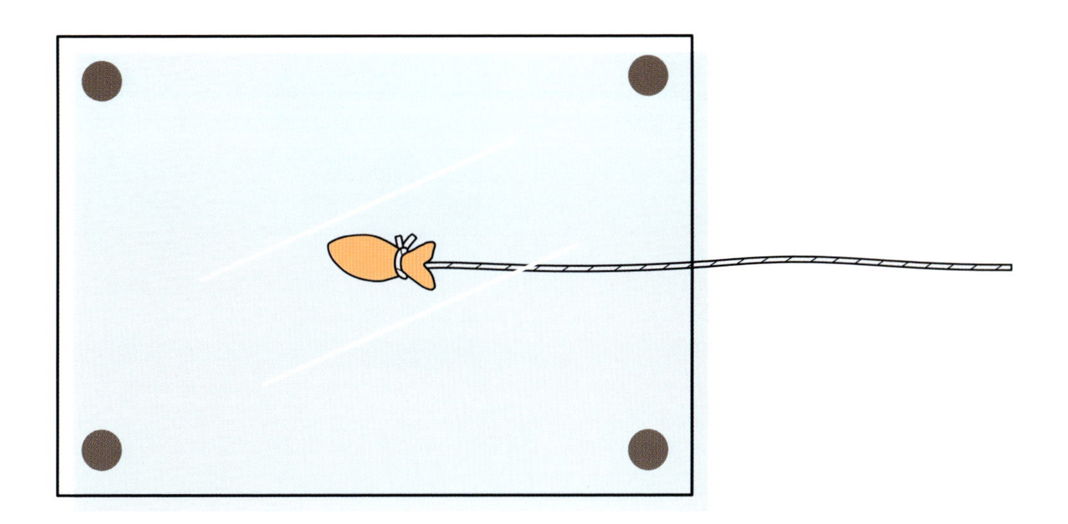

4. 猫を部屋に入れ、板と糸の先端近くで放す。

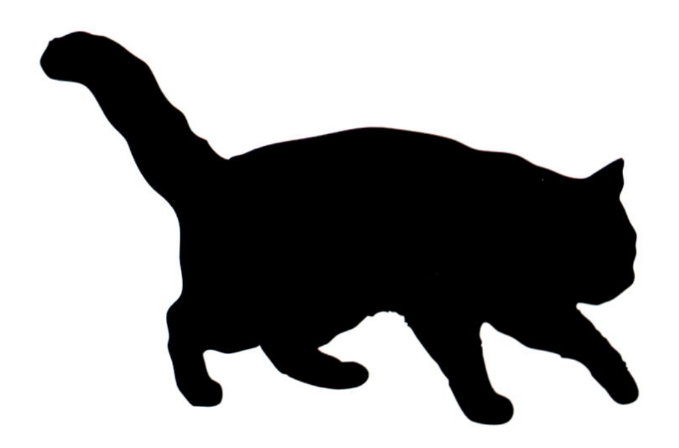

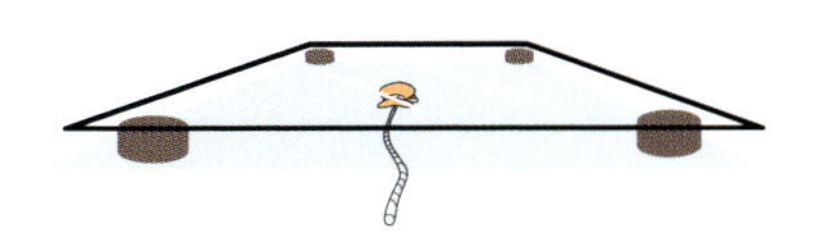

5. 猫が糸を引っ張り、おやつを引き出すかどうか観察しよう。

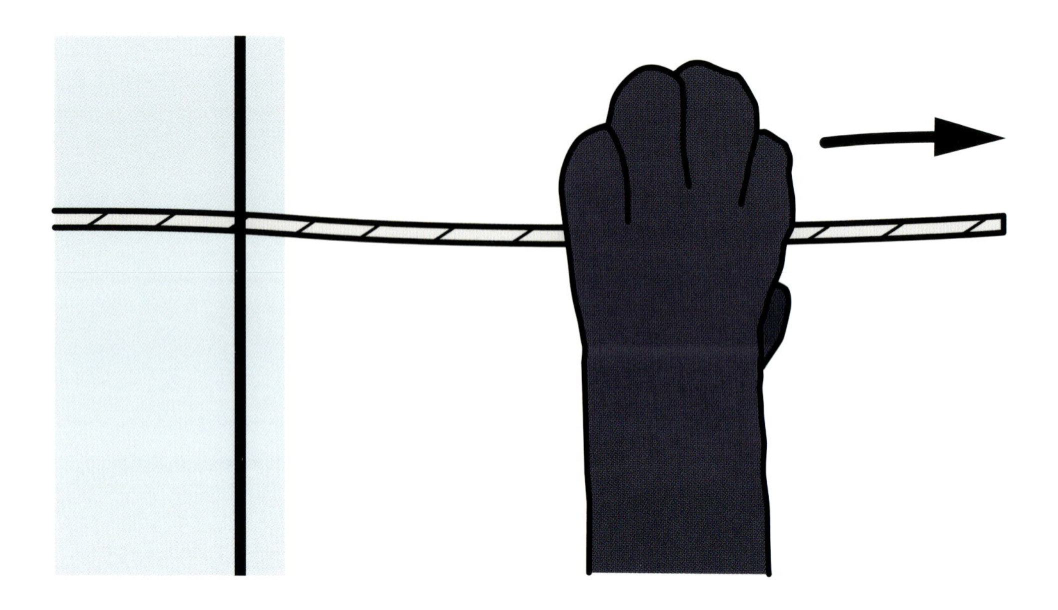

6. 猫がうまくおやつを手に入れたら、難易度をアップさせよう。今度は 2 本の糸を平行に板の下に置き、片方の糸におやつをつけておく。あなたの猫は、片方の糸にしかおやつがついていないことを理解できるだろうか?

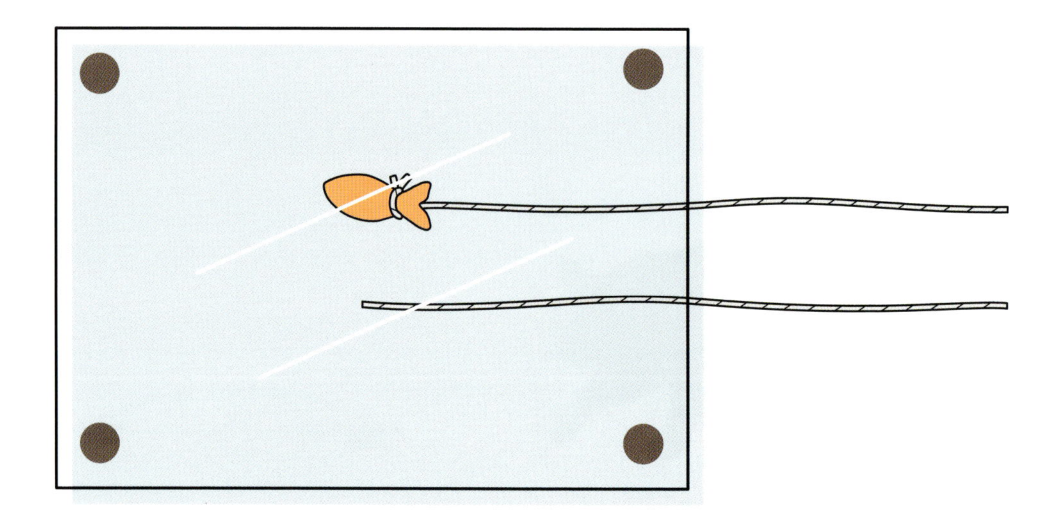

7. 最後に、さらに難易度を上げてみよう。糸を交差させ、おやつを手に入れるにはどちらの糸を引っ張ればよいかを、猫がわかるか見てみよう。このレベルになると、難しいため成功する猫はほとんどいない。うまくやれればたいしたものだ。

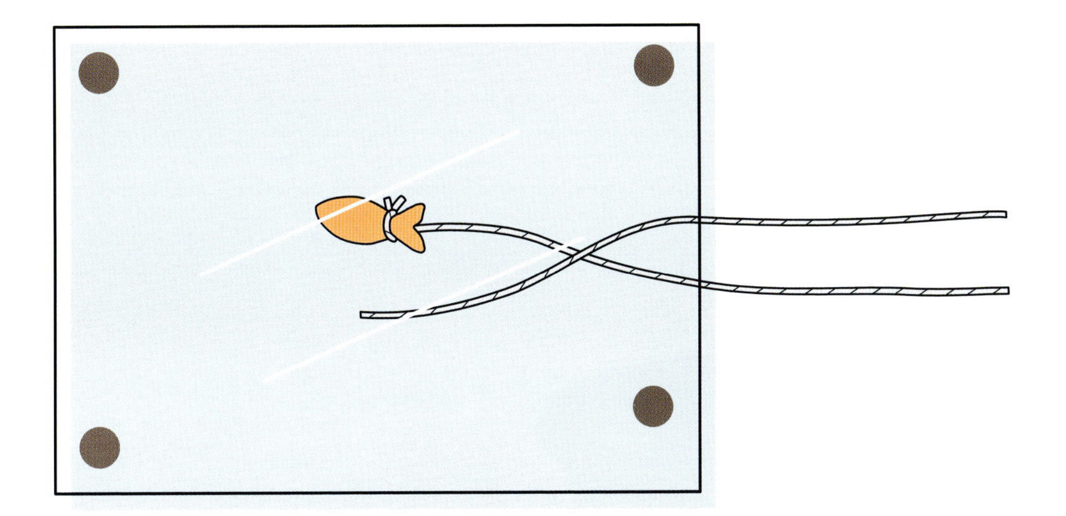

実験7：ジェスチャーを理解できる?

この実験では、「心の理論」と呼ばれるものについて調査する。パート7（105ページ）では、ハンガリーのアダム・ミクロシがおこなった実験を紹介している。今回は、ミクロシが猫を使っておこなった実験を、自宅の環境で再現してみよう。ただし、この実験はミクロシもそこまで簡単にできたわけではない。忍耐強さが必要だ。

この実験をするには、まったく同じ茶色の鉢が2つ必要となる。プラスチック製のもので、直径約14センチ、高さは約10センチのものを用意しよう。小さめのおやつと、協力者も1人必要だ。

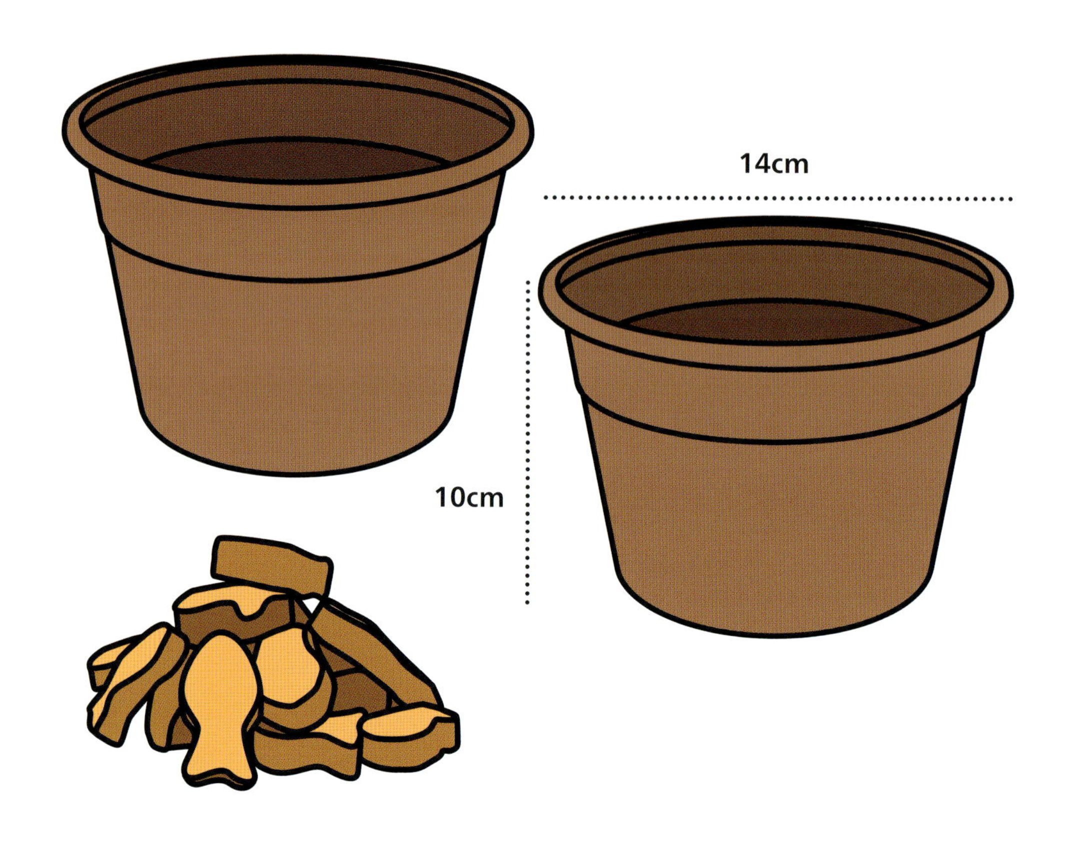

1. 静かな部屋で床に座り、猫を抱きかかえておく。協力者に頼み、あなたから2.5 メートル離れた場所に、2 つの鉢を 1.5 メートル間隔で床に置いてもらう。

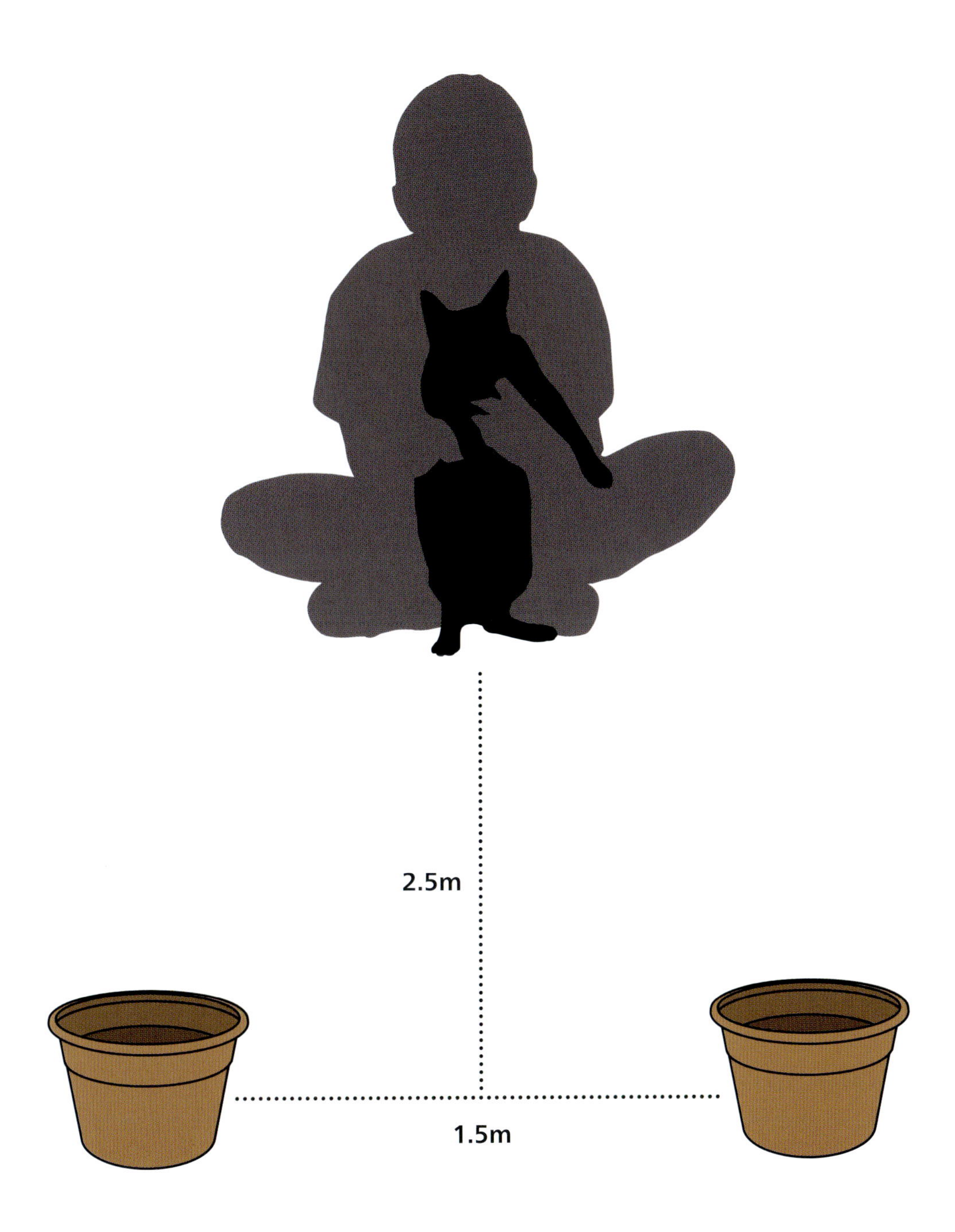

2. 猫が見ている間に、協力者は鉢の片方におやつを入れる。猫を放し、おやつをゲットして食べてもらう。

3. それぞれの鉢であと 2 回ずつこれを繰り返し、どちらの鉢にも食べ物が入っている可能性があることを猫に理解させる。

4. 今度は、鉢におやつを入れるところが猫に見えないようにして、同じことを繰り返す。協力者は猫が見ていないうちにおやつを片方の鉢に入れ、先ほどのように鉢を床に置いておく。あなたが猫の視界を遮っている間に、協力者は鉢の後ろ側の、2 つの鉢のちょうど中間地点に座る。

5. まず協力者は、手を叩くか猫の名を呼ぶことで注意を引き、その後おやつの入った鉢のほうを指さす。猫が反応しなければ、呼びかけと指さしのプロセスを繰り返す。猫が鉢を選ぶチャンスは一度だけで、おやつの入っていない鉢を選んでしまったあとに、おやつの入っている鉢へ移ってはならない。これを 3 回繰り返す。

いずれかの段階で、猫が興味を失ったり離れていってしまったりした場合は、実験は中止だ。猫が遊びたい気分のときや、興味のあるときに再チャレンジしよう。

あなたの猫は協力者の手のジェスチャーを理解し、正しい鉢を選べただろうか？

実験８：あなたの猫は右利き？　左利き？

ご存じのとおり、たいていの人は右利きか左利きのどちらかだ。だが、あなたの猫はどうだろう？　北アイルランド、クイーンズ大学の動物行動センターで研究するデボラ・L・ウェルズとサラ・ミルソップが2009年に調査したところ、猫にも利き足があることがわかった。そして利き足は、性別と関連性があると分かった。びんから食べ物を取り出すなどの課題をこなすとき、メス猫は右足を使う傾向があった一方で、オス猫は左足を使う傾向があった。あなたの猫はどうだろうか？　ここに挙げたいくつかのシンプルな課題を通じて、あなたの猫の利き足を調べてみよう。

ウェルズとミルソップは３つのシンプルな課題を猫に与えた。これを、あなたの猫にも試してみよう。課題ごとに、どちらの足を使ったかを記録しておこう。

課題１：口の広い大きめのびんの中におやつを入れる。猫にびんを調べさせ、中からおやつを取り出してもらおう。猫はどちらの足を使っただろうか？

課題 2：おもちゃかおやつを猫の上にぶら下げよう。猫はどちらの足を伸ばしておもちゃに触れようとしただろうか？

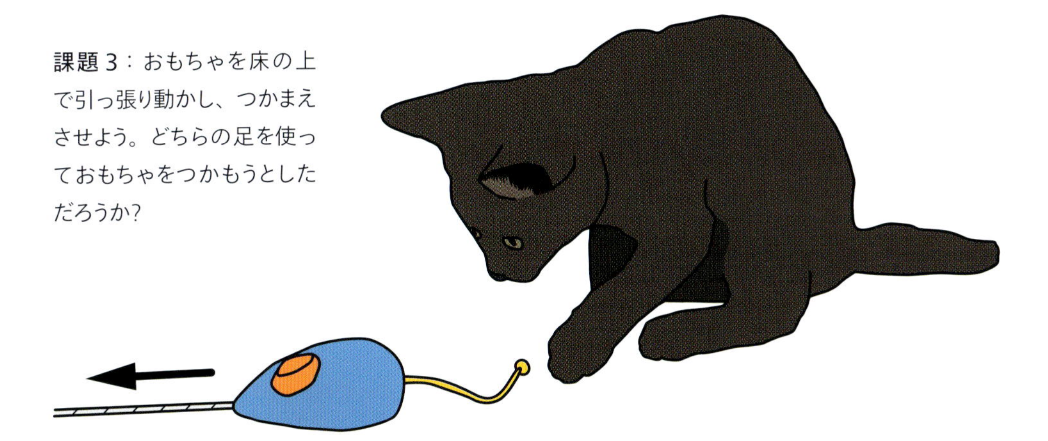

課題 3：おもちゃを床の上で引っ張り動かし、つかまえさせよう。どちらの足を使っておもちゃをつかもうとしただろうか？

これらの実験を1日1回のペースで繰り返し、1週間後に何らかのパターンが見えるか確認してみよう。

実験 9：フードパズルを解ける？

あなたは毎日、同じ場所、同じボウルで、猫に食事を出しているだろうか？　それを変えようと思ったことはあるだろうか？　猫にもっと負荷をかけることで、猫はより健康で幸せになり、行動に問題がある猫にもプラスの効果があると考えられている。

この実験は、猫が野生の世界でエサを求めて狩りをする過程を再現しようというものだ。まず、猫は食べ物を見つけ、次にどうやったらそれが手に入るかを考えなくてはならない。

この実験は、フードパズルをもとにしている。フードパズルは、ドライタイプのキャットフードを使っている場合にぴったりなものだ。もしウェットタイプや生の食事を与えているのなら、ドライタイプのおやつを使うようにしよう。ここで必要なのは、ドライタイプのキャットフードを入れられる容器だ。ペットボトルや透明なボールのような、猫が簡単に転がせるもので、小さい穴が開けられるものにする。猫が容器で遊んでいるうちに、食べ物が穴から出てくるという仕組みだ。

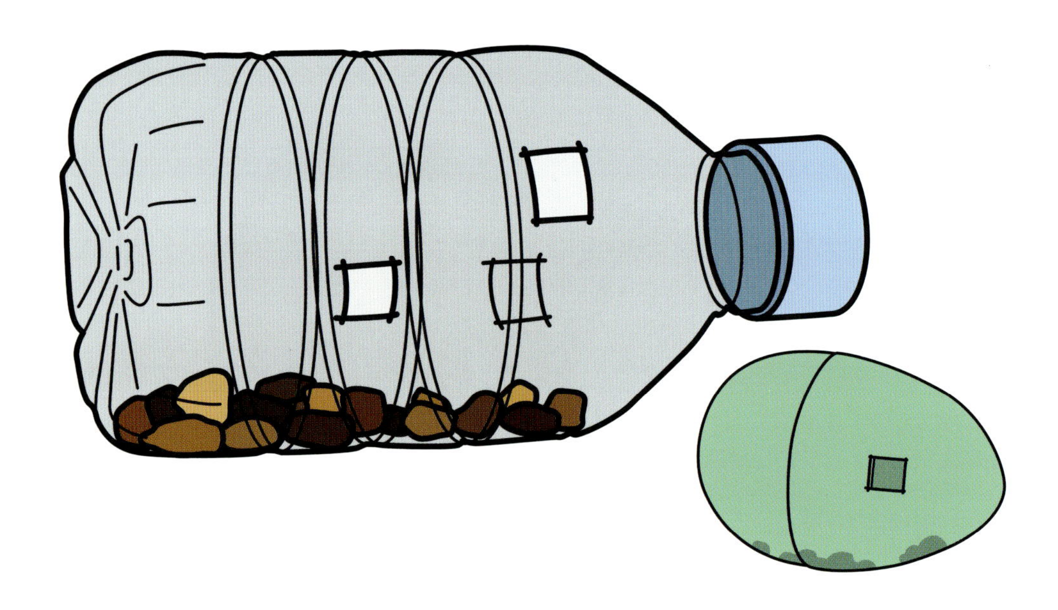

1. 第 1 段階として、普段食事をあげている場所に容器を置く。

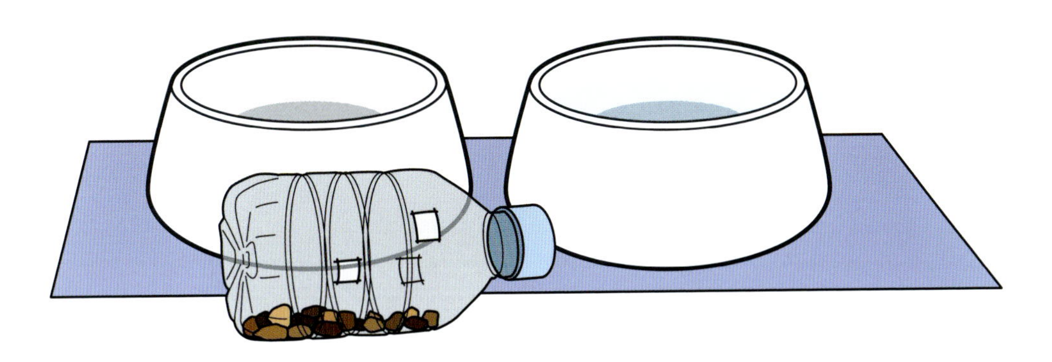

2. フードパズルで遊ばせ、どうやったら食べ物を穴から出せるか考えてもらう。

3. 食べ物が中に入っていて、どうすれば外に出せるかまで猫が気づいたら、だんだん難しくしていこう。一部の穴をふさぐことで穴の数を減らし、猫がさらにがんばらなければ食べ物を外に出せないようにするとよい。

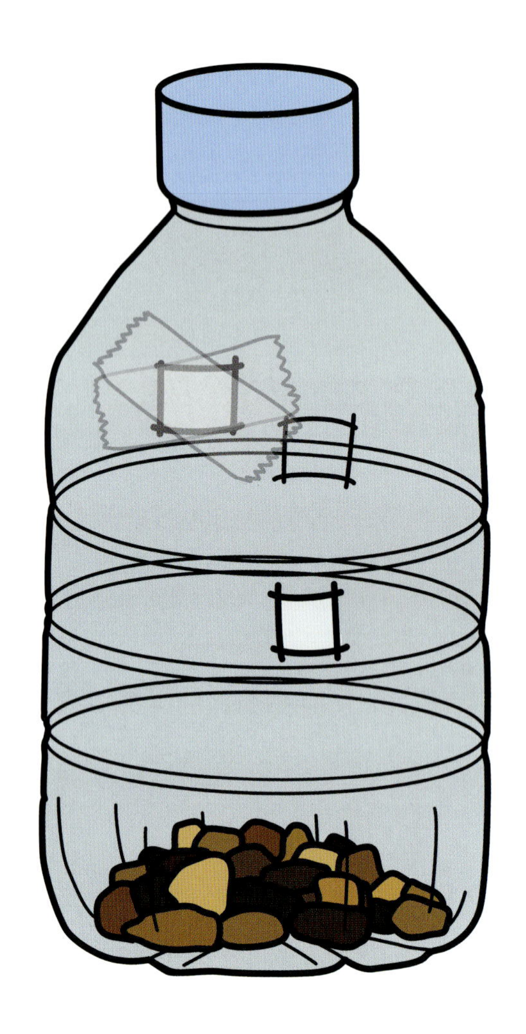

4. 容器の向きを変えることで、さらに難易度をアップさせることができる。

5. 別のバリエーションとして、不透明な容器に変えたり、猫が動かしにくい形の容器を用いたりしてもいい。

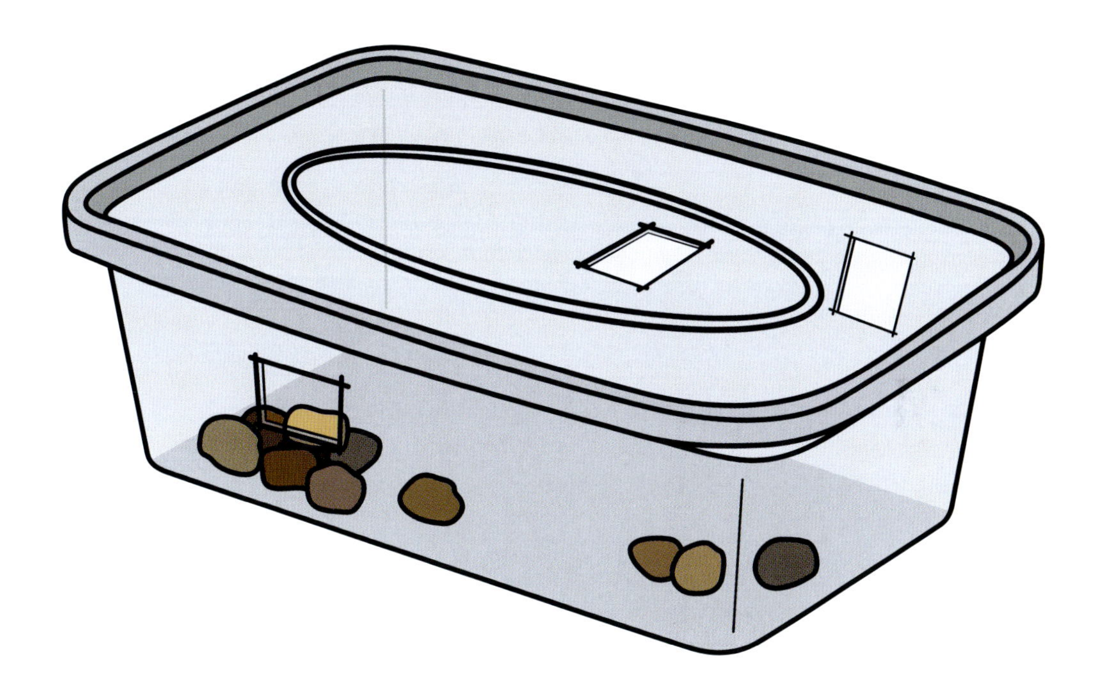

6. 最後に、容器そのものを隠してしまうことで、難易度をなお上げることが可能だ。猫はまず容器をハンティングしてから、食べ物を外に出さねばならなくなる。

CREDITS

クレジット

7: © Irina Fischer
9: © Cressida Studio
10: © Deep OV
13: © Evgeny Eremeev
15: © Anna Bolotnikova
16 上 : © Africa Studio
16 下 : © Africa Studio
17: © Olesya Tseytlin
18-19: © Torie McMillan
20 上 : © Lilia Beck
20 中 : © VladJ55
20 下 : © Drawen
23: © DenisNata
27: © Anna Hoychuk
28: © Schankz
29: © Agata Kowalczyk
31 左上 : © Stefan Petru Andronache
31 右上 : © Cherry-Merry
31 下 : © 5 Second Studio
33: © Tocak
35: © Hemerocallis
36: © Eric Isselee
37: © MAErtek
39: © StockPhotosArt
40: © Zandyz
41: © Maximult
43: © Alta Oosthuizen
45: © Julie Src
46-47: © Gvictoria
49 左 : © Joanna Zaleska
49 右 : © Anna Sedneva
50: © GooDween123
52-53: © April Turner
55: © Fantom_rd
56 上 : © Pavel Sazonov
56 下 : © Art_man
60: © Maradon 333
62-63: © Patrick Lienin
67: © Pascale Gueret
68: © Pavel Litvinsky
71: © Kosikhina Anna
73: © Seregraff
74: © Quang Nguyen Vinh
77: © Anurak Pongpatimet
78: © Nina Buday
80: © Alexx60
83: © Orhan Cam
85: © Vvvita
86: © MaraZe
89: © Paul W. Thompson
91: © Khamidulin Sergey
93: © 5 Second Studio

94-95: © Linavita
98: © Daria Berdnikova
101: © Andrey Khusnutdinov
103: © Hannadarzy
104: © Smolina Marianna
106-107: © Trybex
108: © Africa Studio
111: © MiQ
112: © Dagmar Hijmans
115: © Hannadarzy
116: © Robert Petrovic
119: © eZeePics
120: © Luna Vandoorne
123: © Gordana Sermek
124 上 : © Eric Isselee
124 下 : © Susan Schmitz
125 上 : © Susana Reyes
125 下 : © De Jongh Photography
130-131: © Kitty
133: © lkoimages
135: © Foonia
136: © Alena Stalmashonak
139: © Sari O'Neal
140: © KPG_Payless
143: © Natalia Fadosova
144-145: © Stephen Moehle
147: © Supanee Sukanakintr
148: © Graphbottles
151: © Budimir Jevtic
152: © Budimir Jevtic
154: © Andrey Kuzmin
155: © Benjamin Simeneta
163: © Ysbrand Cosijn
188: © Tsekhmister

FURTHER RESOURCES
もっと猫を知るために

Bradshaw, John. ***The Behavior of the Domestic Cat, second edition.***
Oxfordshire: CABI Publishing, 2012.

Bradshaw, John. ***Cat Sense: The Feline Enigma Revealed.*** London: Penguin, 2014.
ジョン・ブラッドショー著『猫的感覚——動物行動学が教えるネコの心理』
（羽田詩津子訳、早川書房、2014 年）

Morris , Desmond. ***Catwatching: The Essential Guide to Cat Behavior.*** New York: Ebury Press, 2002.
デスモンド・モリス著『キャット・ウォッチング 1——なぜ、猫はあなたを見ると仰向けに転がるのか?』
（羽田節子訳、平凡社、2009 年）

Roberts, Dr. Gordon. ***Understanding Cat Behavior.***
CreateSpace Independent Publishing Platform, 2014.

Turner, Dennis. ***The Domestic Cat: The Biology of its Behavior.*** Cambridge: CUP, 2013.
デニス・C. ターナー著『ドメスティック・キャット——その行動の生物学』
（武部正美、加隈良枝訳、チクサン出版社、2006 年）

INDEX
索引

猫の心と通じ合う技術

2018年7月24日　初版第1刷発行

著者　サリー・モーガン

訳者　得重達朗

発行者　澤井聖一

発行所　株式会社 エクスナレッジ

〒106-0032
東京都港区六本木7-2-26
http://www.xknowledge.co.jp/

お問い合わせ

編集　TEL：03-3403-1381
FAX：03-3403-1345
info@xknowledge.co.jp

販売　TEL：03-3403-1321
FAX：03-3403-1829

printed in China